Carl-Heinz Zieseniß
Beleuchtungstechnik für den Elektrofachmann
Lampen, Leuchten und ihre Anwendung

Carl-Heinz Zieseniß

Beleuchtungstechnik für den Elektrofachmann

Lampen, Leuchten und ihre Anwendung

3., überarbeitete und erweiterte Auflage

Hüthig Buch Verlag Heidelberg

Dipl.-Ing. Carl-Heinz Zieseniß, Jahrgang 1930, studierte an der Fachhochschule Hamburg Elektrotechnik. Er ist Mitarbeiter der Philips Licht GmbH und Obmann bzw. Mitarbeiter in verschiedenen nationalen und internationalen Fachnormenausschüssen auf dem Gebiet der Lichtanwendung.

CIP-Titelaufnahme der Deutschen Bibliothek

Zieseniß, Carl-Heinz:
Beleuchtungstechnik für den Elektrofachmann: Lampen, Leuchten und ihre Anwendung / Carl-Heinz Zieseniß. - 3., überarb. u. erw. Aufl. - Heidelberg: Hüthig, 1990.
  ISBN 3-7785-1964-6

© 1990 Hüthig Buch Verlag GmbH, Heidelberg
Printed in Germany

Vorwort

Die Ansprüche an das Leistungsvermögen des Menschen steigen ständig. Die Sehaufgaben im Handwerk und in der Industrie werden schwieriger, im Bereich der Verwaltungen werden durch das Anwachsen der Arbeitsplätze mit Bildschirmgeräten erhöhte Anforderungen an die Beleuchtung gestellt. Der Konkurrenzdruck zwingt die Ladeninhaber dazu, effektvolle, wirtschaftliche Lösungen für die Beleuchtung ihrer Verkaufsräume und Schaufenster zu finden. Die Ansprüche an das Licht im Wohnbereich werden vielfältiger und der zunehmende Wunsch beim Sport einen körperlichen Ausgleich zu erhalten bedingt Beleuchtungsanlagen, die die Sportstätten auch bei Dunkelheit benutzbar machen. Darüberhinaus werden die Anforderungen an die Sicherheit auf beleuchteten Straßen und in künstlich erhellten Betriebsstätten immer größer.

In den letzten Jahren sind neue wichtige anwendungsbezogene DIN-Normen für die Innen- und Außenbeleuchtung sowie die Arbeitsstätten-Richtlinien „Beleuchtung" erschienen.

Einen entscheidenden Faktor bei der Errichtung neuer Beleuchtungsanlagen und bei der Sanierung älterer Anlagen stellt die Wirtschaftlichkeit dar, die wesentlich durch die jährlich anfallenden Betriebskosten bestimmt wird. Wirtschaftliche Beleuchtungsanlagen werden realisiert durch Lampen, die viel Licht für wenig Strom abgeben, durch Leuchten mit guten optischen Eigenschaften, die richtig im Raum angeordnet sind.

Das Buch wendet sich deshalb an diejenigen, die bestehende Beleuchtungsanlagen sanieren müssen oder neue Anlagen projektieren. Hierzu zählen vorwiegend Architekten, Planungsingenieure, Elektroinstallateure, Betriebselektriker und Sicherheitsingenieure, aber auch Mitarbeiter in kommunalen Verwaltungen und Beschäftigte im Elektro-Einzel- und Großhandel.

Zum besseren Verständnis und zum schnellen und einfachen Erfassen der Aussagen werden alle Themen dieses Buches mit Hilfe grafischer Darstellungen behandelt, die zusätzlich mit einem knappen erläuternden Text versehen sind.

Wie schon in der 2. Auflage wurde auch in der 3. Auflage der Entwicklung durch Berücksichtigung der aktuellen Daten und neuesten Normen Rechnung getragen. Ergänzungen und Erweiterungen entstammen aus den Erfordernissen der Praxis.

Hamburg, 1990 *C.-H. Zieseniß*

Einleitung

Auf dem Gebiet der Beleuchtungstechnik wurden besonders in den letzten Jahren erhebliche Fortschritte erzielt und bei der Errichtung von neuen Beleuchtungsanlagen voll genutzt. Daß aber die Anlagen auch altern und nicht mehr den wirtschaftlichen, lichttechnischen und Normungs-Ansprüchen genügen, wird leider häufig vergessen. In den meisten Fällen sind es die laufenden Betriebskosten, die sich aus den Wartungs-, Lampenersatz- und Stromkosten zusammensetzen, die dann eine Sanierung der Beleuchtungsanlage erforderlich machen. Bei den Betriebskosten können durch eine Sanierung vornehmlich die Stromkosten gesenkt werden. Obwohl der Anteil des Stromes, der für die Beleuchtung benötigt wird, nur etwa 10 % des gesamten Stromverbrauchs in der BRD ausmacht, hat für viele Anwender die Beleuchtung durchaus einen beachtlichen Anteil an der Stromrechnung. So kann z. B. bei Verwaltungsgebäuden oder Verkaufsräumen der Anteil für Licht an den Gesamtstromkosten 40 % und mehr betragen. In der Schwerindustrie dagegen liegt der Lichtanteil wesentlich niedriger und im Haushalt hat das Licht etwa 10 % vom gesamten Stromverbrauch.

In der Elektroindustrie werden immer kleinere Bauteile bearbeitet und die daraus erwachsenden schwierigen Sehaufgaben stellen hohe Anforderungen an die Güte der Beleuchtung, z. B. an die Beleuchtungsstärke, an die Blendungsbegrenzung und an die richtige Lichteinfallrichtung. In den Verwaltungsgebäuden findet man immer mehr Arbeitsplätze mit Bildschirmen. Ein gutes Erkennen der Information auf dem Bildschirm und gleichzeitig müheloses Lesen der Belege und der Tastatur stellen gegensätzliche lichttechnische Anforderungen, die nur mit einer modernen, gut geplanten Beleuchtung gelöst werden können. Hierbei kommt es in erster Linie auf die Vermeidung von Reflexen der Leuchte und Fenster auf dem Bildschirm an.

Die DIN 5035 „Innenraumbeleuchtung mit künstlichem Licht" und die DIN 5044 „Straßenbeleuchtung" bilden die Basis für die Projektierung von Beleuchtungsanlagen. Beide Normen stellen den Stand der Technik dar. Teil 2 der DIN 5035 ist gleichlautend mit der vom Bundesministerium für Arbeit herausgegebenen Arbeitsstätten-Richtlinie „ASR 7/3 Beleuchtung" und hat damit gegenüber einer DIN-Norm, die nur empfehlenden Charakter hat, Gesetzeskraft. Die Einhaltung der Angaben in der ASR 7/3 wird von den Berufsgenossenschaften und Gewerbeaufsichtsämtern überprüft.

Inhaltsverzeichnis

Vorwort 5

Einleitung 7

1 Lichttechnik 11

2 Lampenübersicht und Glühlampen 23

3 Kompaktleuchtstofflampen, Leuchtstofflampen und elektronische Vorschaltgeräte 39

4 Entladungslampen 63

5 Leuchten und Beleuchtungsberechnungen 71

6 Anforderungen an die Beleuchtung 85

7 Beleuchtung von Büro- und Unterrichtsräumen 105

8 Beleuchtung in Handel, Industrie, Handwerk, Dienstleistung, Praxen, Wohnräumen und Landwirtschaft 115

9 Beleuchtung von Pflanzen 137

10 Straßenbeleuchtung 141

11 Sportstättenbeleuchtung 151

12 Wirkung von optischer Strahlung 161

13 Literaturhinweise 165

14 Stichwortverzeichnis 167

1 Lichttechnik

Licht ist notwendig 12
Das Auge 13
Wellenlänge und Strahlung 14
Lichtquelle und Spektrum 15
Empfindlichkeit des Auges auf optische Strahlungen 16
Das Farbdreieck 17
Lichtstrom, Lichtstärke, Beleuchtungsstärke 18
Leuchtdichte 19
Lichtfarben von Lampen 20
Farbwiedergabeeigenschaft von Lampen 21
Beleuchtungsstärken im Freien 22

Licht ist notwendig

- 80% der Informationen aus unserer Umwelt erreichen uns über das Auge

- Licht schafft humane Lebensbedingungen
  -zu Hause
  -bei der Arbeit

- Licht bringt Sicherheit

Licht überträgt *Informationen*. 80 % aller Informationen erreichen den Menschen über das Auge: Ohne Licht könnten wir sie nicht wahrnehmen. Wir könnten die Bedienungsanleitung ebensowenig erkennen wie das Hinweisschild auf dem Bahnhof.

Licht schafft *humane Lebensbedingungen*. Es beeinflußt das Wohlbefinden und die Stimmung des Menschen: Jeder kennt das behagliche Gefühl, in der Geborgenheit einer gemütlichen Leuchte seinen Gedanken nachzugehen, mit netten Menschen zusammenzutreffen, zu lesen oder sich mit seinem Hobby zu beschäftigen.

Licht sorgt für *Sicherheit*. Auf der Straße, zu Hause und am Arbeitsplatz vermeiden wir durch richtige Beleuchtung Unfälle. Am Arbeitsplatz gewährleistet Licht, daß Gefahren rechtzeitig erkannt werden, auf der Straße werden Hindernisse sichtbar. Und Licht schützt vor kriminellen Delikten, denn lichtscheues Gesindel hat einen Feind: das Licht.

Das Auge

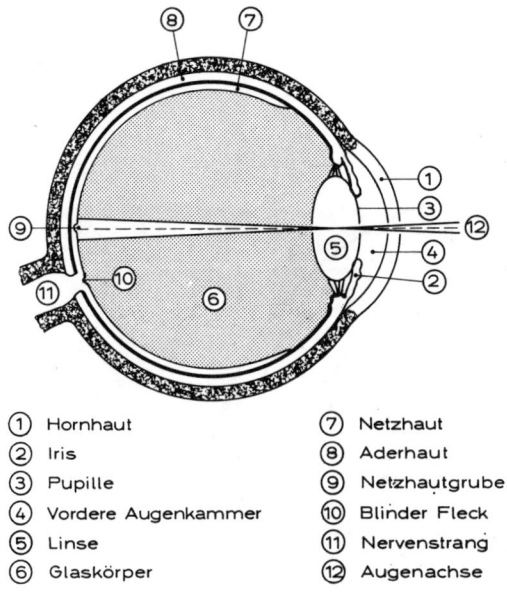

① Hornhaut
② Iris
③ Pupille
④ Vordere Augenkammer
⑤ Linse
⑥ Glaskörper
⑦ Netzhaut
⑧ Aderhaut
⑨ Netzhautgrube
⑩ Blinder Fleck
⑪ Nervenstrang
⑫ Augenachse

Das *Auge*, das stark vereinfachend mit einer Kamera verglichen werden kann, ist das wichtigste Informationsorgan des Menschen. Bei dem Kameravergleich bildet die *Netzhaut* den lichtempfindlichen Film, die vordere *Augenkammer* und *Linse* das Objektiv, und die *Iris* die Blende, deren Durchmesser sich mit der Beleuchtungsstärke auf der *Netzhaut* ändert. Die Netzhaut enthält die Empfangsorgane für den Lichtreiz. Dieses sind 130 Millionen *Stäbchen*, die das Sehen bei wenig Licht in der Dämmerung und bei Nacht ermöglichen; allerdings sind beim Stäbchensehen keine Farben zu erkennen. Die 7 Millionen *Zapfen* auf der Netzhaut dienen dem Sehen bei Tage oder bei heller künstlicher Beleuchtung und zum Erkennen von Farben. Der Krümmungsradius der Linse ist veränderlich und kann das Auge an die jeweilige Sehentfernung anpassen. Durch Verhärtung der Linse läßt diese Eigenschaft des Auges mit zunehmendem Alter nach („Altersweitsichtigkeit"). An der Austrittsstelle des Nervenstranges enthält die Netzhaut weder Stäbchen noch Zapfen, deshalb wird diese Stelle auch *Blinder Fleck* genannt. In der Höhe der optischen Achse befindet sich eine Konzentration von Zapfen. Hier befindet sich der Bereich des scharfen Sehens, der mit *Netzhautgrube* bezeichnet wird.

Wellenlänge und Strahlung

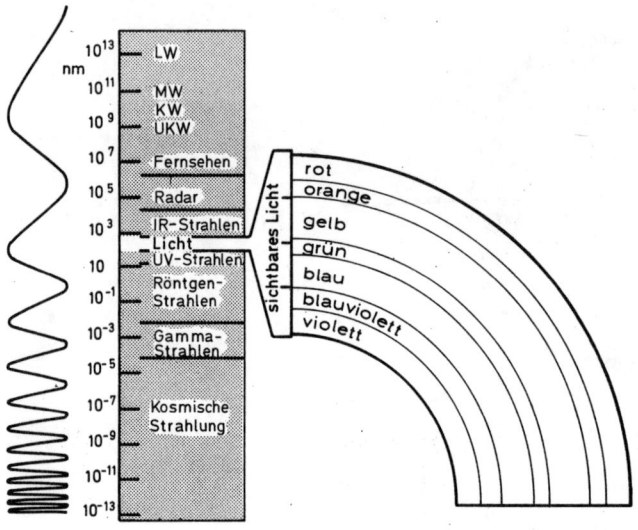

Licht ist die elektromagnetische Strahlung, für die das Auge empfindlich ist. Sie unterscheidet sich von anderen elektromagnetischen Strahlungen nur durch die *Wellenlänge*. Die Ausbreitungsgeschwindigkeit der elektromagnetischen Wellen im leeren Raum ist, unabhängig von der Frequenz, 300.000 km/sek. Die Wellenlängen der sichtbaren Strahlung liegen zwischen 380 nm und 780 nm (1 Nanometer = 10^{-9} m). Die *Lichtwellen* sind also wesentlich kürzer als die *Rundfunkwellen*, deren kürzeste, die Ultrakurzwellen, Längen zwischen 1 und 10 m aufweisen, während die „normalen" Rundfunkwellen zwischen ca. 185 m und 580 m messen. Zu den elektromagnetischen Wellen gehören außer den Rundfunk- und Lichtwellen die *Röntgenstrahlen* und die Wellen der *kosmischen Strahlung*. Vor den gefährlichen kosmischen Strahlen schützt uns die Atmosphäre rund um die Erde, die Licht- UV- und IR-Strahlung so dosiert durchläßt, daß organisches Leben möglich ist.

Lichtquelle und Spektrum

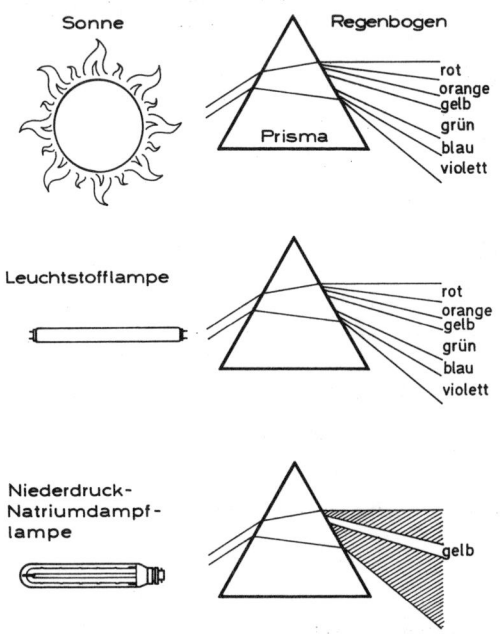

Das weiße *Sonnenlicht* setzt sich aus Wellen verschiedener Längen zusammen. Führt man ein enges Lichtbündel der Sonnenstrahlen durch ein Glasprisma und projiziert man die austretenden Strahlen auf eine Tafel, so wird ein farbiges *Spektrum* sichtbar, das wir auch vom Regenbogen her kennen. Bei der Entstehung des Regenbogens bilden die vielen Regentröpfchen in der Luft die Prismen, durch die die Sonne scheint.

Jeder Farbe entspricht eine ganz bestimmte Wellenlänge. Die Wellen des roten Lichtes sind länger (> 600 nm) als die des blauen Lichtes (< 500 nm). Das Zusammenwirken aller Lichtwellen ruft den Eindruck *weißes Licht* hervor.

Farbige Gegenstände werden nur dann als farbig erkannt, wenn im Spektrum der Lichtquelle auch alle Farben vorhanden sind. Dies ist z. B. bei der Sonne, den Glühlampen und Leuchtstofflampen mit sehr guten Farbwiedergabeeigenschaften der Fall. Schickt man jedoch z. B. das Licht einer Niederdruck-Natriumdampflampe durch ein Glasprisma, so tritt nur eine Strahlung mit gelber Farbe aus, da im Spektrum dieser Lichtquelle alle anderen Farben außer gelb fehlen.

Empfindlichkeit des Auges auf optische Strahlungen

Zu den optischen Strahlungen zählen das Licht (sichtbare Strahlung) und die nach beiden Seiten anschließende *UV*-(Ultraviolett)*Strahlung* und *IR*-(Infrarot)*Strahlung*. Die drei Strahlungsarten können auf gleiche oder ähnliche Art mit Strahlungsquellen erzeugt und mit optischen Bauelementen gelenkt werden. Die UV-Strahlung wird z. B. durch Solarien-, Lichtpaus- und Schwarzlichtlampen erzeugt.

Zu den wichtigsten Lichtquellen gehören die Leuchtstoff-, Entladungs- und Glühlampen. Typische Vertreter der IR-Strahlung sind z. B. Heizstrahler in Grillgeräten und Bestrahlungslampen. Die UV-Strahlung wird unterteilt in:

UV-C von 100 nm bis 280 nm (starke keimtötende Wirkung)
UV-B von 280 nm bis 315 nm (Bildung von Vitamin D_2)
UV-A von 315 nm bis 380 nm (Bräunung der Haut)

Das menschliche Auge ist für die sichtbare Strahlung je nach Wellenlänge unterschiedlich empfindlich. Es hat im gelbgrünen (555 nm) die größte und im blauen und roten Bereich die geringste Empfindlichkeit.

Der IR-Bereich liegt zwischen 780 nm und 1 mm.

Das Farbdreieck

Das Farbdreieck wurde 1931 von der internationalen Beleuchtungskommission (*C*ommission *I*nternationale de L'*E*clairage, CIE) festgelegt. In einem Koordinatenfeld mit x- und y-Koordinaten wurde eine Kurve mit den Spektralfarben von 380 nm (violett) über 520 nm (grün) bis 780 nm (rot) eingezeichnet. Geschlossen wird dieser Spektralfarbenzug durch die Purpurgerade. Das Farbdreieck schließt alle reellen Farben ein. Unbunt im farbmetrischen Sinn liegt in der Mitte des Farbdreiecks mit den Farbwertanteilen $x = y = 0{,}333$. Die im Farbdreieck verlaufende Kurve enthält die Temperaturwerte in Kelvin eines schwarzen Körpers der auf die jeweilige Temperatur gebracht wurde (Plancksche Strahlung). Das Farbdreieck ermöglicht die mathematisch genaue Bestimmung jeder Farbe anhand der zwei Farbwert-Koordinaten x und y. Die Lichtfarben der verschiedenen Lichtquellen werden vom Lampenhersteller durch die Angabe der x- und y-Werte beschrieben.

Lichtstrom, Lichtstärke, Beleuchtungsstärke

Der *Lichtstrom* (Lumen; lm) ist die von einer Lichtquelle in alle Richtungen ausgestrahlte und nach der international festgelegten Augenempfindlichkeit bewertete Strahlungsleistung. Die Werte für den Lichtstrom der Lichtquellen sind in den Produktlisten der Lampenhersteller angegeben.

Die *Lichtausbeute* ist das Maß für die Wirtschaftlichkeit einer Lichtquelle. Sie sagt aus, wieviel Lumen pro Watt aus einer Lampe herauskommen. Je höher das Verhältnis Lumen/Watt (lm/W) desto wirtschaftlicher ist die Lichtquelle.

Der in eine bestimmte Richtung abgestrahlte Lichtstrom wird mit *Lichtstärke* (Candela; cd) bezeichnet. Die Lichtstärke dient zur Charakterisierung der Lichtausstrahlung von Leuchten und Reflektorlampen. Verbindet man die Endpunkte der Lichtstärken z. B. einer Reflektorlampe in ihren verschiedenen Ausstrahlungsrichtungen, erhält man die sog. *Lichtstärkeverteilungskurve* (LVK). In den Dokumentationen der Leuchtenhersteller sind die LVK der Leuchten, in den Produktlisten der Lampenhersteller die der Reflektorlampen angegeben.

Die *Beleuchtungsstärke* (Lux; lx) gibt an, wieviel Licht auf eine Flächeneinheit fällt. Die für die künstliche Beleuchtung erforderlichen Beleuchtungsstärken sind in DIN-Normblättern angegeben.

Leuchtdichte

Die *Leuchtdichte* ist ein Maß für den Helligkeitseindruck einer selbstleuchtenden Lichtquelle oder einer beleuchteten Fläche. Das Maß für die Leuchtdichte ist Candela pro m² (cd/m²). Zur Bestimmung der Leuchtdichte von Lichtquellen muß die Lichtstärke in cd der Lampen in Blickrichtung geteilt werden durch die gesehene Fläche in m².

Die Leuchtdichte von beleuchteten Oberflächen ergibt sich aus der auf dem Objekt vorhandenen Beleuchtungsstärke (Lux), multipliziert mit dem *Reflexionsgrad* ϱ der Oberfläche geteilt durch π. Diese Berechnungsmöglichkeit setzt voraus, daß die beleuchtete Fläche vollkommen *diffus* ist, d. h. nach allen Seiten das auftreffende Licht gleichmäßig reflektiert.

Ein Tisch mit einem weißen Farbanstrich hat einen hohen Reflexionsgrad (ϱ = 0,8), d. h. es wird viel vom auftreffenden Licht zurückgestrahlt, ein brauner Farbton reflektiert weniger Licht, sein Reflexionsgrad liegt bei 0,3. Bei gleicher Beleuchtungsstärke ist die Leuchtdichte des weißen Anstrichs wesentlich höher als die der braunen Oberfläche.

Hierbei wird deutlich, daß die Leuchtdichte besser die Beleuchtungsverhältnisse im Raum beschreibt als Angaben über die Beleuchtungsstärke in Lux. Die Beleuchtungsstärke läßt sich jedoch leichter berechnen und messen.

Lichtfarben von Lampen

Die *Lichtfarbe* einer Lampe wird charakterisiert mit dem Begriff der *Farbtemperatur* T_F, angegeben mit der Temperatur-Maßeinheit Kelvin. Die Kelvin-Temperaturskala beginnt beim absoluten Nullpunkt, der tiefsten Temperatur, die es überhaupt gibt; der Nullpunkt entspricht –273° Celsius.

Wenn ein sogenannter *schwarzer Körper* langsam erhitzt wird, durchläuft sein Aussehen eine Farbskala von dunkelrot, rot, orange, gelb, weiß bis zum hellblau. Je höher die Temperatur desto weißer wird die Farbe dieses schwarzen Körpers. Die ähnlichste Farbtemperatur ist dann die Temperatur, in Kelvin angegeben, die ein schwarzer Körper haben würde, wenn er auf diese Temperatur erhitzt wäre. Eine Glühlampe mit ihrem warmweißen Licht hat z. B. eine ähnlichste Farbtemperatur von 2800 K, eine neutralweiße Leuchtstofflampe hat eine ähnlichste Farbtemperatur von 4000 K und eine tageslichtähnliche Leuchtstofflampe 5000 K. Eine Lampe mit einer bestimmten Farbtemperatur hat also immer die gleiche Lichtfarbe wie ein schwarzer Körper, der auf diese Temperatur erhitzt ist. Die Lichtfarbe einer Lampe sagt nur etwas über das farbliche Aussehen der Lampe aus, nicht aber über die Farbwiedergabeeigenschaften der Lichtquelle.

Farbwiedergabeeigenschaft von Lampen

Die Farben unserer Umwelt und der menschlichen Haut empfinden wir dann als natürlich, wenn im Spektrum der zur Beleuchtung dienenden Lampen alle *Spektralfarben* vorhanden sind. Fehlt z. B. eine Farbe im Spektrum einer Lampe, so erscheint z. B. ein Körper, der mit dieser Farbe angestrichen ist, grau. Zur Bewertung der *Farbwiedergabeeigenschaft* von Lampen hat man den sogenannten *Farbwiedergabeindex* R_a eingeführt. Der höchste Wert des R_a ist 100. Eine Lichtquelle mit einem R_a von 100 läßt also alle Farben unserer Umgebung natürlich erscheinen. Je niedriger der Wert für den Farbwiedergabeindex R_a ist, desto schlechter werden die Farben der beleuchteten Gegenstände wiedergegeben.

Zur Ermittlung des R_a-Wertes wurden acht *Testfarben* aus unserer Umwelt ausgewählt, die jeweils mit einer *Bezugslichtquelle* ($R_a = 100$) und der zu testenden Lichtquelle beleuchtet werden. Je geringer die Abweichungen der beleuchteten Testfarbe ist, desto besser ist die Farbwiedergabeeigenschaft, je größer die Unterschiede der jeweils acht Testfarben sind, desto niedriger ist der R_a-Wert und desto schlechter die Farbwiedergabeeigenschaft der Lampe.

Beleuchtungsstärken im Freien

Die Außenbeleuchtung im Freien setzt sich zusammen aus der Beleuchtung vom Himmel und der Beleuchtung von der Sonne direkt. Die vom klaren Himmel erzeugten Horizontalbeleuchtungsstärken sind von ähnlicher Größenordnung wie für den bedeckten Himmel, nämlich 5000 Lux im Winter und 20000 Lux im Sommer. Der zusätzliche Anteil der Sonne beträgt zur selben Zeit zwischen ca. 20000 Lux im Winter und ca. 80000 Lux im Sommer. Die durch das Tageslicht erzeugte Beleuchtungsstärke im Innenraum ist abhängig von der Außenbeleuchtungsstärke, der Abschwächung durch Verbauung (Gebäude, Bäume), der Lichtreflexion an der Verbauung und am Boden, den Reflexionsverhältnissen im Innenraum (Wände, Decke, Boden), den Raumproportionen, der Größe und Lage der Fenster und Oberlichter sowie den Lichtverlusten in der Fensterebene.

2 Lampenübersicht und Glühlampen

Anforderungen an Lampen für die Innenraumbeleuchtung	24
Anforderungen an Lampen für die Straßenbeleuchtung	25
Möglichkeiten der Lichterzeugung	26
Lampen für die allgemeine Beleuchtung	27
Entwicklung der Glühlampen-Weltproduktion	28
Aufbau der Glühlampe	29
Arten der Wendel	30
Gasfüllung von Glühlampen	31
Glühlampen mit Temperatur-Kennzeichen	32
Stoßfeste Glühlampen	33
Lebensdauer von Glühlampen	34
Abhängigkeit der Lebensdauer und des Lichtstromes von der Netzspannung bei Glühlampen	35
Funktion der Halogenglühlampen	36
Lampen mit Halogenfüllung	37
Installationshinweise für Leuchten mit Niedervolt-Halogen-Lampen	38

Anforderungen an Lampen für die Innenraumbeleuchtung

Die Lampen sollen wirtschaftlich sein und im Raum eine angenehme, der Stimmung entsprechende Atmosphäre erzeugen. Die Wirtschaftlichkeit einer Lampe wird in erster Linie durch eine hohe Lichtausbeute (Lumen/Watt) und durch eine lange Lebensdauer erzielt. Eine gute Farbwiedergabeeigenschaft der Lampen gewährleistet, daß die Farben im Raum und vor allem die Farbe der menschlichen Haut natürlich erscheinen und damit das Wohlbefinden gewährleisten. Die für die Lampen gewählte Lichtfarbe erzeugt die jeweils gewünschte Raumstimmung. Für Räume, in denen eine vorwiegend sachliche Beleuchtung gewünscht wird, werden Lampen mit *neutralweißer* Lichtfarbe eingesetzt. Die Lampen mit *warmweißer* Lichtfarbe werden in Räumen bevorzugt, die mehr der Entspannung dienen wie, Wohnungen, Restaurants, Theater usw. *Tageslichtähnliche* Lichtfarben werden in unseren Breiten für allgemeine Beleuchtungszwecke nur sehr selten verwendet.

Anforderungen an Lampen für die Straßenbeleuchtung

Licht-
ausbeute → Wirtschaft-
Lebens-   lichkeit
dauer

Lichtstrom → Straßenart
absolut   Wohnstr.
             Autobahnen

Lichtfarbe → Führung
             Gefahren-
             punkte

Wieder- → Sicherheit
zündung

Eine hohe Lichtausbeute (Lumen/Watt) und eine lange Lebensdauer der Lampen sind für eine wirtschaftliche *Straßenbeleuchtung* erforderlich.

Je nach der Straßenbreite und der erforderlichen Leuchtdichte bzw. Beleuchtungsstärke werden Lampen mit unterschiedlichen Lichtströmen eingesetzt, z. B. in Wohnstraßen Lampen mit geringer, auf breiten Verkehrsstraßen Lampen mit hohen Lichtströmen. Durch die Wahl einer abweichenden Lichtfarbe der sonst vorhandenen Straßenbeleuchtung können Durchfahrtsstraßen in geschlossenen Ortschaften und Gefahrenpunkte wie z. B. Kreuzungen besonders kenntlich gemacht werden. Hochdruck-Quecksilberdampflampen haben z. B. eine neutralweiße, Hochdruck-Natriumdampflampen eine warmweiße Lichtfarbe.

Der sichere Betrieb einer Straßenbeleuchtung ist besonders wichtig. Wenn z. B. durch Blitzeinwirkung eine kurzzeitige Netzunterbrechung entsteht, verlöschen die Lampen. Damit die Lampen nach der Unterbrechung sofort wieder ihr Licht abgeben, muß eine sofortige *Wiederzündung* auch bei Hochdruck-Entladungslampen gewährleistet sein.

Möglichkeiten der Lichterzeugung

Temperaturstrahlung

Elektr. Strom bringt einen Draht zum Glühen
Wolframwendel
Glühlampe
1 Lichtfarbe

Gasentladung

Elektr. Strom bringt ein Gas zum Leuchten
Quecksilberdampf
Natriumdampf
verschiedene Lichtfarben

Strahlungsumwandlung

Leuchtstoffe wandeln UV in Licht um.
Leuchtstofflampen
verschiedene Lichtfarben

Grundsätzlich lassen sich drei Arten der *Lichterzeugung* unterscheiden. Die bekannteste Technik, mit Hilfe des elektrischen Stromes Licht zu erzeugen, ist die *Temperaturstrahlung*, bei der der elektrische Strom einen Draht zum Glühen bringt. Der typische Vertreter ist die Glühlampe, die 1979 ihren 100. Geburtstag feierte. Der Wirkungsgrad ist gering, da vorwiegend Wärmestrahlung erzeugt wird.

Verwendet man anstelle des Wolframdrahtes ein Gas, das durch den elektrischen Strom zum Leuchten angeregt wird, kommt man zu den *Entladungslampen*, die ein wesentlich günstigeres Verhältnis zwischen Wärmestrahlung und Licht aufweisen. Je nach Art des verwendeten Gases werden unterschiedliche Lichtfarben erzeugt.

Die dritte Möglichkeit Licht zu erzeugen, geschieht durch die Kombination der Gasentladung mit einem innerhalb der Lampe aufgetragenen *Leuchtstoff*. Im Entladungsrohr wird Ultraviolettstrahlung (UV) erzeugt, die vom Leuchtstoff in sichtbares Licht umgewandelt wird. Je nach chemischer Zusammensetzung der Leuchtstoffe entstehen verschiedene Lichtfarben.

Lampen für die allgemeine Beleuchtung

Faßt man die für die Innen- und Außenbeleuchtung verwendeten Lampen zusammen, so kommt man zu fünf Gruppen:
 1. Die *Glühlampen* und *Halogenglühlampen* finden ihr Haupteinsatzgebiet im Wohnbereich sowie in Verkaufsräumen und Schaufenstern.
 2. Die Kompakt-Leuchtstofflampen gibt es mit eingebautem induktivem bzw. elektronischem Vorschaltgerät und Sockel E 27 bzw. mit Stecksockel, wobei zum Betrieb das Vorschaltgerät in der Leuchte vorhanden sein muß. Sie haben gegenüber Glühlampen wesentlich höhere Lichtausbeuten und Lebensdauern.
 3. Das meiste Licht wird von *Leuchtstofflampen* mit ihren verschiedenen Abmessungen, Formen, Lichtfarben und Farbwiedergabeeigenschaften erzeugt.
 4. Die *Hochdruck-Entladungslampen* werden vorwiegend in der Industrie-, Straßen-, Freiflächen- und Sportstättenbeleuchtung eingesetzt. Die *Hochdruck-Natriumdampflampen* zeichnen sich durch eine warmweiße Lichtfarbe und hohe Lichtausbeute aus. Die *Hochdruck-Metallhalogendampflampen* haben bei hoher Lichtausbeute gute Farbwiedergabeeigenschaften.
 5. Die *Niederdruck-Natriumdampflampen* mit ihrem monochromatischen Licht werden für die Beleuchtung von Straßen, Tunnels, Hafenanlagen und zur Sicherung von Gebäuden und Flächen (Objektschutz) verwendet.

Entwicklung der Glühlampen-Weltproduktion

1879 Edison verkohlte Bambusfaser, 3 lm/W
1892 Kohlefaden
1909 Leuchtmittelsteuer in Deutschland
1910 gezogener Wolframdraht, 8 lm/W
1913 Einfachwendel und Gasfüllung, 10 lm/W
1936 Doppelwendel, 12 lm/W
1959 Halogenfüllung, 25 lm/W

Die älteste, in breitem Umfang angewendete elektrische Lichtquelle ist die *Glühlampe*. Das Kernproblem bei der Herstellung von Glühlampen ist, seitdem Edison 1879 die technischen Voraussetzungen geschaffen hat, die Glühlampe auf industrieller Basis zu fertigen – bis heute – die Art der *Glühwendel*. Schon frühzeitig war bekannt, daß zur Erzielung einer befriedigenden Lichtausbeute das Material für den Glühfaden einen hohen Schmelzpunkt haben mußte, da die Lichtausbeute mit der Erhöhung der Glühfadentemperatur steigt. Die ersten Leuchtkörper, die durch den elektrischen Strom zum Glühen gebracht wurden, waren aus verkohlten Naturfasern oder dünnen Papierfasern hergestellt. Diese Herstellungsmethode wurde aber bald zugunsten der sogenannten Spritzmethode, bei der Zellstoff durch feine Düsen gepreßt wurde, verlassen. Der mit diesem Verfahren gewonnene Faden wurde dann unter Luftabschluß verkohlt und in eine geeignete Form gebracht.

Aufbau der Glühlampe

Inzwischen hatte man jedoch festgestellt, daß der *Kohlefaden* doch nicht das geeignete Material für den Leuchtkörper ist, obwohl Kohle zwar einen fast unerreichbaren Schmelzpunkt hat, aber bei Temperaturen von 2000° C schnell verdampft. Dieses hat zur Folge, daß die vom Leuchtkörper gelösten Kohleteilchen auf der Innenwand des Glaskolbens kondensieren, wobei der entstehende graue Belag eine bedeutende Lichtabnahme verursacht und die mechanische Festigkeit des Fadens schnell nachläßt. Auf der Suche nach einem geeigneten Material, mit einem hohen Schmelzpunkt, kam man nach zahlreichen Versuchen über den gespritzten Osmium-, Tantal- und Wolframdraht schließlich im Jahre 1910 auf den gezogenen Wolframdraht, der auch heute noch bei der Glühlampenfertigung Anwendung findet.

Arten der Wendel

Einfachwendel
Allgebrauchslampen
15W, 500W, 1000W
Stoßfeste Glühlampen

Doppelwendel
Höhere Lichtausbeute
kleinere wirksame Oberfläche,
daher geringere Wärmeverluste

Allgebrauchslampen
25W-300W
Reflektorlampen
Tropfenlampen
Kerzenlampen

In den ersten Lampen mit Wolframdrähten wurde der gezogene Draht über lange Strecken im Zickzack gespannt. Später – um 1913 herum ging man dazu über, den Draht schraubenförmig zu wendeln (*Einfachwendel*). Mit der Einfachwendellampe konnte man gegenüber den Lampen mit gespanntem Draht die Lichtausbeute (Lumen/Watt) wesentlich steigern. Eine weitere Erhöhung der Lichtausbeute auf etwa 12 lm/W, je nach Leistungsaufnahme, wurde 1936 mit der Einführung der *Doppelwendellampe* erreicht, wobei der einfach gewendelte Draht noch einmal gewendelt wird. Die Erhöhung der Lichtausbeute der doppelgewendelten Lampe ist durch die kleinere wirksame Oberfläche der Wendel, und die damit verbundenen geringeren Wärmeverluste des Leuchtkörpers zu erklären. Außerdem konnten auch die Abmessungen der Glaskolben verringert werden.

Gasfüllung von Glühlampen

Evakuiert- luftleer
ohne Gasfüllung
Glühlampen
bis 15 W

mit Argon gefüllt
Glühlampen
über 25 W

• Wolframteilchen
○ Gasteilchen

Bis zum Jahre 1913 gab es nur luftleer gepumpte Glühlampen. Ab dann ging man dazu über, die Lampen mit einer *Gasfüllung* zu versehen. Die Gasfüllung bestand ursprünglich aus Stickstoff, der aber bald durch das Edelgas Argon ersetzt wurde. In einer gasgefüllten Glühlampe stoßen die abfliegenden Wolframmoleküle auf Moleküle des Füllgases und werden dadurch in ihrer Bewegung aufgehalten und wieder zum Draht zurückgeworfen. Jetzt konnte die Temperatur der Wolframwendel erhöht werden. Außerem ergab sich als weiterer Vorteil, daß die Lichtstromabnahme, bedingt durch die Schwärzung auf der Innenseite des Glaskolbens, geringer wurde. Der Glaskolben für die normalen Allgebrauchslampen hat heute noch praktisch dieselbe Birnenform, die Edison vor 100 Jahren für seine Lampen gewählt hat. Anfang der sechziger Jahre wurden die Eigenschaften der Glühlampe durch Hinzufügen von Halogenen wesentlich verbessert.

Glühlampen mit Temperatur-Kennzeichen

Wo: In Leuchten für explosionsgefährdete
Räume. Chemie, Bergbau, Lackierereien.
Warum: Begrenzte Lampentemperatur vermeidet,
daß evtl. in die Leuchte eingedrungene
Gase sich entzünden.

25 W – 500 W

gasgefüllt

gekapselte Sicherung

nicht gasdicht

Zulässige Übertemperatur
nach DIN 49 810 T4
z.B. 100 W : am Sockel : 130 K
   an der heißesten Stelle : 200 K

Glühlampen mit dem *Temperatur-Kennzeichen* sind für die Verwendung in schlagwetter- und explosionsgeschützten Leuchten der Schutzart „Erhöhte Sicherheit" geeignet. Die Einsatzgebiete derartiger Leuchten liegen in explosionsgefährdeten Bereichen, z. B. in der chemischen Industrie, im Bergbau und in Spritzlackierereien. Derartige Leuchten müssen mit Lampen bestückt werden, deren Temperatur bestimmte Grenzwerte nicht überschreitet. Hierdurch wird vermieden, daß evtl. in die Leuchten eindringende explosionsfähige Gemische sich an den Lampen entzünden können. Um die maximal zulässigen Kolben- und Sockeltemperaturen einhalten zu können, muß die Glühlampe so beschaffen sein, daß die Wendel eine exakte symmetrische Lage im Kolben hat, die gewährleistet, daß ein Mindestabstand zwischen Wendel und Kolben eingehalten wird. Darüberhinaus sind zwei gekapselte Sicherungen eingebaut. Die Sicherungen in der Lampe vermeiden, daß bei Wendelbruch während des Betriebes die Sicherungen der Hausinstallation ansprechen. Die Kapselung der Lampensicherungen verhindert, daß der beim Durchbrennen der Sicherung entstehende Funke explosive Gemische entzünden kann.

Stoßfeste Glühlampen

VK = <u>V</u>erstärkte <u>K</u>onstruktion

Wo: Für rauhe Betriebsverhältnisse Industrie, Schiffahrt, Bergbau.

 Gütezeichen der „Vereinigung zur Güteüberwachung stoßfester Glühlampen e.V."

25W – 100W

Einfachwendel
9 Halter

ca. 20% weniger Lichtstrom als Normallampen

Für rauhe Betriebsverhältnisse bei Industrie, Schiffahrt und Bergbau sind Glühlampen erforderlich, die gegen Erschütterungen weitgehend unempfindlich sind. Im kalten, nicht eingeschalteten Zustand ist die Wolframwendel spröde und kann bei hohen mechanischen Schwingungen brechen. Bei einer im Betrieb befindlichen heißen Wendel besteht bei starken Erschütterungen die Gefahr, daß sich die Windungen berühren und es zur Überbrückung einzelner Windungen kommt. Hierdurch steigt der Strom und damit auch die Wendeltemperatur, und als Folge verkürzt sich die Lebensdauererwartung der Lampe. *Stoßfeste Glühlampen* werden deshalb als Einfachwendellampen gebaut, da gegenüber Doppelwendelungen die Gefahr eines Windungsschlusses geringer ist. Darüberhinaus sind sie häufiger gehaltert. Die von mehreren Lampenherstellern in Deutschland gegründete „Vereinigung zur Güteüberwachung stoßfester Glühlampen e. V." hat Prüfvorschriften für stoßfeste Glühlampen aufgestellt. Glühlampen, die diesen Vorschriften entsprechen, sind gekennzeichnet mit einem schrägliegenden, auf eine Platte schlagenden Hammer.

Lebensdauer von Glühlampen

ERBANLAGEN: Technologie in der Lampen-
fertigung
UMWELTEINFLÜSSE:
Versorgungsspannung
Erschütterungen

Die Lebensdauer von Glühlampen ist abhängig von dem technischen Entwicklungsstand der Fertigungsanlagen und den Materialien. Sie hängt aber auch ab von den Umwelteinflüssen, wie Versorgungsspannung und Erschütterungen, denen die Glühlampen ausgesetzt sind. Als Lebensdauerbegriff wurde für Glühlampen die *mittlere Lebensdauer* festgelegt. Die mittlere Lebensdauer ist die Zeit, die 50 % aller geprüften Lampen erreichen. Sind also in einer Beleuchtungsanlage 100 Glühlampen installiert, ist der Zeitpunkt der mittleren Lebensdauer erreicht, wenn nur noch 50 Lampen funktionsfähig sind. Die Ausfallkurve der Lampen guter Qualität liegt nahe an der *100 % Brenndauer-Linie*, d. h. es fallen fast alle Lampen zur gleichen Zeit aus. Lampen schlechter Qualität streuen mit ihrer Ausfallwahrscheinlichkeit viel stärker. Bei der Festlegung der mittleren Lebensdauer werden berücksichtigt: Lampen- und Energiekosten, Lichtausbeute, Leistung und Anwendung; z. B. haben Allgebrauchslampen 1000, Preßglaslampen 2000, Projektionslampen 100 und Fotoaufnahmelampen 10 Stunden mittlere Lebensdauer.

Abhängigkeit der Lebensdauer und des Lichtstromes von der Netzspannung bei Glühlampen

Die Allgebrauchslampen mit einer mittleren Lebensdauer von 1000 Stunden sind im allgemeinen für eine Netzspannung von 228 V, das ist die sog. *Bauspannung*, ausgelegt. Die Netzspannung von 228 V ist diejenige Spannung, die im öffentlichen Elektrizitäts-Versorgungsnetz im Mittel vorhanden ist.

Zwischen der Netzspannung, der Lebensdauer und dem Lichtstrom besteht eine Abhängigkeit. Bei steigender Netzspannung erhöht sich die Wendeltemperatur und damit die Verdampfungsgeschwindigkeit des Wolframdrahtes, wodurch ein schnelleres Durchbrennen und damit eine Lebensdauerverkürzung verbunden ist. Eine Steigerung der Netzspannung um 5 % bedeutet z. B. eine Reduzierung der Lebensdauer auf die Hälfte, d. h. 500 Stunden. Bei 5 % niedrigerer Netzspannung verdoppelt sich entsprechend die Lebensdauer auf 2000 Std. Die höhere Lebensdauer wird jedoch begleitet von einem geringeren Lichtstrom: dieser sinkt von 430 Lumen bei einer 40 W-Glühlampe auf 350 Lumen. Bei +5 % Netzspannung steigt er von 430 Lumen auf 530 Lumen. Die Lampen sind so ausgelegt, daß ihr optimaler Betrieb bei der Bauspannung von 228 V gewährleistet ist.

Funktion der Halogenglühlampen

Kreisprozeß

- ● Wendel
- ○ Wolframteilchen
- □ Halogen
- ⊖ Verbindung Wolfram + Halogen

VORTEILE:
- ○ Erhöhte Lichtausbeute bis 25 lm/W
- ○ Konstanter Lichtstrom (keine Abschwärzung)
- ○ kleine Abmessungen

Um eine höhere Lichtausbeute und längere Lebensdauer bei Glühlampen zu erzielen, werden *Halogenverbindungen* in die Lampe hineingegeben. Das vom glühenden Wolframdraht verdampfte Wolfram verbindet sich bei Temperaturen um 1400° C in der Nähe des Glaskolbens mit dem Halogen, das dem Füllgas zugesetzt ist. Durch Konvektion gelangt die so entstandene Verbindung von Wolfram und Halogen wieder in die Nähe der glühenden Wendel, wo sie wegen der dort herrschenden hohen Temperaturen wieder zerfällt. Die Wolframteilchen schlagen sich auf der Wendel nieder und die Halogene werden für einen neuen Kreisprozeß wieder frei. Dieser *Halogenkreisprozeß* führt dazu, daß die Lampe während ihrer gesamten Lebensdauer einen konstanten Lichtstrom hat, da sich keine Abschwärzungen auf der Innenseite des Glaskolbens bilden können. Aus thermischen Gründen wird als Material für den Kolben Quarz verwendet.

Lampen mit Halogenfüllung

Hochvolt 220/230 V
　　Lebensdauer bis 2000 h
　　Leistung ab　75 W
einseitig gesockelt
　　　　　　75 - 150 W

zweiseitig gesockelt
　　　　　　100 - 2000 W

Niedervolt 6V, 12V, 24V
einseitig gesockelt
　　　　　　5 - 100 W

Reflektorlampen
　　normal　15 - 50 W
　　Kaltlicht 20 - 75 W

Autolampen　　　　H4

Fahrradlampen　6V / 2,4 W

Taschenlampen　6V / 4 W

Fotolampen
Aufnahme und Projektion

Hohe Lichtausbeuten, ca 25 lm/W, lange Lebensdauern, konstanter Lichtstrom und kleine Abmessungen sind die wesentlichen Vorteile der Halogenglühlampen. Es stehen Lampen für den Betrieb an 220/230 V und für den Niedervoltbetrieb mit 6 V, 12 V und 24 V zur Verfügung. Bei den Hochvolt-Halogenglühlampen gibt es einseitig gesockelte Lampen mit 75 W, 100 W und 150 W Leistungsaufnahme und, vorwiegend für Anstrahlzwecke, zweiseitig gesockelte Lampen von 100 W bis 2000 W. In zunehmendem Umfang werden die Niedervolt-Halogenglühlampen eingesetzt. Für die dekorative Akzentbeleuchtung sind es die Halogen-Reflektorlampen von 15 W bis 50 W, sowie Reflektorlampen mit Kaltlichtspiegel von 20 W bis 75 W. Bei diesen Lampen wird 2/3 der Wärme durch den infrarotdurchlässigen Spiegel nach hinten abgeführt. Im Kraftfahrzeug ist die Zweifaden-Halogenlampe H4 für Abblendlicht und Fernlicht am bekanntesten. Auch Fahrradscheinwerfer und Taschenleuchten werden mit Halogenglühlampen 6 V bestückt. In Film-, Overhead- und Diaprojektoren und in Studioscheinwerfern werden die Vorteile der Halogenlampe als Projektions- und Aufnahmelampe genutzt.

Installationshinweise für Leuchten mit Niedervolt-Halogen-Lampen

Leistung \ Licht	−10%	−20%	−30%
100 W	4	2,5	1,5
250 W	10	6	4
500 W	25	10	6

Erforderlicher Kupfer-Leiterquerschnitt in mm² bei 5 m Länge

Bei der Installation von Niedervolt-Halogenleuchten ohne eingebauten Transformator sollte der Trafo jederzeit leicht zugänglich sein, um eine ausgefallene Sicherung problemlos ersetzen zu können und so montiert werden, daß keine Schwingungen übertragen werden, um Brummgeräusche zu vermeiden. Der Trafo sollte möglichst nahe an den Lichtquellen plaziert werden, da bei Niedervolt-Installationen verhältnismäßig hohe Ströme fließen und somit Leiterlänge, Leiterquerschnitt und damit der Spannungsfall eine wichtige Rolle spielen. Der Spannungsfall ist stets mit einer Lichtstromminderung verbunden: z.B. 30% Lichtstromminderung bei einem Spannungsfall von 11%.

Der Aufbau der niedervoltseitigen Installation kann in Form einer Ringleitung oder sternförmig erfolgen. Der erforderliche Leiterquerschnitt kann mit folgender Formel berechnet werden:

$$A = \frac{2 \cdot s \cdot P}{u \cdot U^2 \cdot \varkappa}$$

A = Leiterquerschnitt in mm; s = einfache Leiterlänge in m; U = Lampen/Trafo-Nennspannung in Volt; P = Lampennennleistung in Watt; u = Spannungsfall in %/100; $\varkappa$ = spezifische Leitfähigkeit in m/Ω mm² (für Kupfer = 56).

Bei der Auswahl eines Dimmers ist darauf zu achten, daß er für den Betrieb mit Trafo geeignet ist. Bei der Bemessung muß die Verlustleistung des Trafos berücksichtigt werden.

3 Kompakt-Leuchtstofflampen, Leuchtstofflampen und elektronische Vorschaltgeräte

Kompakt-Leuchtstofflampen mit eingebautem Vorschaltgerät und Sockel E 27	40
Kompakt-Leuchtstofflampen mit eingebautem Vorschaltgerät in Globeform	41
Betriebskostenvergleich von Glühlampen und Kompakt-Leuchtstofflampen mit eingebautem Vorschaltgerät	42
Kompakt-Leuchtstofflampen mit Stecksockel G 23	43
Kompakt-Leuchtstofflampen mit Stecksockel G 24	44
Eigenschaften von Glühlampen und Kompakt-Leuchtstofflampen	45
Kompakt-Leuchtstofflampen mit Stecksockel 2 G 11	46
Lichtstrom in Abhängigkeit von der Umgebungstemperatur bei Kompakt-Leuchtstofflampen mit induktivem Vorschaltgerät	47
Lichtstrom in Abhängigkeit von der Umgebungstemperatur bei Kompakt-Leuchtstofflampen mit elektronischem Vorschaltgerät	48
Funktion der Leuchtstofflampe	49
Schaltungen von Leuchtstofflampen bei Betrieb an 50 Hz	50
Spektrum der Dreibandenleuchtstofflampe	51
Lichtausbeute und Farbwiedergabeeigenschaft von Leuchtstofflampen	52
Leuchtstofflampen-Lichtfarben verschiedener Hersteller	53
Leuchtstofflampen-Lichtfarben für verschiedene Anwendungsgebiete	54
Lebensdauer von Leuchtstofflampen	55
Lichtstrom in Abhängigkeit von der Umgebungstemperatur bei Leuchtstofflampen	56
Energiebilanz der Leuchtstofflampe	57
Vorschaltgeräte für Leuchtstofflampen	58
Leuchtstofflampen in Hochfrequenzbetrieb haben höhere Lichtausbeuten	59
Funktion des elektronischen Vorschaltgerätes für Leuchtstofflampen	60
Technische Vorteile des Hochfrequenzbetriebes von Leuchtstofflampen	61
Ermittlung der „pay-back-Zeit" einer Beleuchtungsanlage mit elektronischem Vorschaltgerät	62

Kompakt-Leuchtstofflampen mit eingebautem Vorschaltgerät und Sockel E 27

	Glühlampe	SL COMPACTA	PLC-E DULUX EL	CIRCOLUX EL
Vergleichbar	150 W			32 W
	100 W	25 W	20 W	24 W
	75 W	18 W	15 W	18 W
	60 W	13 W	11 W	
	40 W	9 W	7 W	

Die entscheidenden Nachteile der Glühlampen sind ihre geringe Lichtausbeute von nur ca. 12 lm/W und ihre verhältnismäßig kurze mittlere Lebensdauer von 1000 Stunden. Deshalb wurden glühlampenähnliche Lichtquellen entwickelt, die sich durch hohe Lichtausbeute von ca. 50 lm/W und einer Lebensdauer von 8000 Stunden auszeichnen. Die Lampen haben eine glühlampenähnliche Lichtfarbe und Farbwiedergabeeigenschaft und den Glühlampensockel E 27. Die Lichterzeugung beruht auf dem Prinzip der bekannten Leuchtstofflampen. In der SL und COMPACTA ist ein induktives Vorschaltgerät und ein Starter, in der PLCE und DULUX EL ein elektronisches Vorschaltgerät eingebaut. Diese Lampen haben eine noch höhere Lichtausbeute, einen flackerfreien Sofortstart, eine mit Glühlampen vergleichbare Schaltfestigkeit und ein geringes Gewicht. Aufgrund der niedrigen Leistungsaufnahme, z. B. statt 75 W nur 15 bzw. 18 W bei etwa gleichem Lichtstrom und 8facher Lebensdauer, werden sowohl Stromkosten als auch Wartungskosten gespart. Die Hauptanwendungsgebiete dieser Glühlampenalternativen sind in der Gastronomie, in Verkaufsräumen, im Wohnbereich, in Räumen mit dekorativer Beleuchtung und in Fußgängerzonen und Ladenpassagen zu finden. Diese Lampen lassen sich nicht dimmen.

Kompakt-Leuchtstofflampen mit eingebautem Vorschaltgerät in Globeform

Globe Glühlampe	SL Dekor	SLD Electronic DULUX EL Globe	SL Reflektor
100 W		20 W	18 W
75 W	18 W	15 W	
60 W	13 W	11 W	
40 W	9 W	8 W	

Aus ästhetischen bzw. dekorativen Gründen eignen sich für Beleuchtungsanlagen mit freibrennenden Lampen bzw. für Leuchten bei denen die Lichtquelle sichtbar ist, Kompakt-Leuchtstofflampen mit einem kugelförmigen Glaskolben, entsprechend den Globeglühlampen. Diese SL-Dekor-Lampen sind verfügbar in den Leistungsstufen 9 W, 13 W und 18 W mit integriertem induktiven Vorschaltgerät.

Flackerfreier Sofortstart, geringeres Gewicht, eine mit Glühlampen vergleichbare Schaltfestigkeit und eine noch höhere Lichtausbeute wird mit der SLD-Electronic-Kompakt-Leuchtstofflampe erzielt, die statt des eingebauten induktiven Vorschaltgerätes ein elektronisches Vorschaltgerät besitzt; die entsprechenden Leistungsstufen sind 8 W, 11 W, 15 W und 20 W.

Eine Reflektorausführung der SL-Dekor-Kompakt-Leuchtstofflampe mit konventionellem induktiven Vorschaltgerät und 18 W Leistungsaufnahme eignet sich für die photoperiodische Belichtung in der Pflanzenaufzucht, z. B. von Chrysanthemen, Begonien usw. in Gewächshäusern. Darüberhinaus sind diese Lampen auch für die Beleuchtung von Hydrokulturen im Wohnbereich zu verwenden. Alle Kompakt-Leuchtstofflampen in Globeform haben eine 8fache Lebensdauer gegenüber Glühlampen.

Betriebskostenvergleich von Glühlampen und Kompakt-Leuchtstofflampen mit eingebautem Vorschaltgerät

Stromkosten
Lampenkosten
Ersparnis

Brennzeit : 8 000 Std.
Stromtarif: 0,25 DM/kWh

Glühlampe 75 W	SL* 18 W	PLC*E 15 W	Dulux EL
12,-			
	96,-	87,-	
150,-			
	30,-	45,-	
	36,-	30,-	

Für eine Brennzeit von 8000 Stunden und bei einem Stromtarif von 0,25 DM/kWh wurden verschiedene lichtstromgleiche alternative Lichtquellen mit der 75-W-Glühlampe verglichen. Diese verbraucht während der 8000 Stunden für 150,- DM Strom. Da die mittlere Lebensdauer einer Glühlampe bei 1000 Stunden liegt, werden für diese Zeit 8 Glühlampen benötigt. Addiert man die Stromkosten von 150,-DM und die Lampenkosten von 12,- DM, so belaufen sich die Betriebskosten auf 162,-DM.
    Vergleicht man die Betriebskosten der gleich hellen alternativen Lichtquellen SL 18 W und PLCE 15 W mit einer Lebensdauer von 8000 Stunden, so sparen diese Lampen erhebliche Betriebskosten, trotz höherer Lampenpreise, insbesondere bei langen Brennzeiten. Dieses ist in erster Linie auf die wesentlich niedrigeren Stromkosten zurückzuführen. Darüberhinaus werden auch noch, besonders in gewerblichen Beleuchtungsanlagen, Kosten für das Auswechseln der Lampen eingespart.

Kompakt-Leuchtstofflampen mit Stecksockel G 23

Vergleichbar	Glühlampe	PL-S	DULUX S	2D
	200 W			38 W +10W VG
	150 W			28 W +8W VG
	100 W			
	75 W	11 W +4W VG	11 W +4W VG	16 W +5W VG
	60 W	9 W +4W VG	9 W +4W VG	
	40 W	7 W +4W VG	7 W +4W VG	
	25 W	5 W +5W VG	5 W +5W VG	

Für verschiedene Leuchtenarten und Anwendungsgebiete sind die Abmessungen und das Gewicht der Kompakt-Leuchtstofflampen mit eingebautem Vorschaltgerät zu groß. Ebenfalls nach dem Lichterzeugungsprinzip der bekannten Leuchtstofflampen wurden deshalb die einseitig gesockelten Leuchtstofflampen entwickelt. Diese Lichtquellen haben dünne, nebeneinanderliegende Leuchtstoffrohre, einen eingebauten Starter und den Sockel G 23 bzw. GR 8. Die Lampen geben ein glühlampenähnliches Licht ab, haben eine hohe Lichtausbeute und eine Lebensdauer von 8000 Stunden. Für den Betrieb ist ein Vorschaltgerät erforderlich, das in der Leuchte eingebaut sein muß. Die Ausführungen 5 W – 11 W werden mit einem einheitlichen Vorschaltgerät betrieben. Die Verluste, die von den Vorschaltgeräten verursacht werden, und die in ihrem Lichtstrom vergleichbaren Glühlampen sind oben aufgeführt. Das geringe Gewicht, die kleinen Abmessungen, die hohe Lichtausbeute und die lange Lebensdauer sind die wesentlichen Vorteile dieser Lichtquellen. Ihr Anwendungsgebiet liegt bei der Beleuchtung im Wohnbereich, in der Gastronomie und überall dort, wo eine wirtschaftliche dekorative Beleuchtung gewünscht wird. Auch als Lichtquelle in Arbeitsplatzleuchten hat sich diese Kompakt-Leuchtstofflampe bewährt.

Kompakt-Leuchtstofflampen mit Stecksockel G 24

PLC **DULUX D**

Leistung:	10 W	13 W	18 W	26 W
Länge:	95 mm	130 mm	150 mm	170 mm
Lichtfarbe:	glühlampenähnlich, neutralweiß			
Lebensdauer:	8000 Stunden			

Betrieb mit
induktivem
Vorschaltgerät
2-Stift-Sockel
Starter im Sockel

G 24 d-1   G 24 d-2   G 24 d-3

Betrieb mit
elektronischem
Vorschaltgerät
4-Stift-Sockel

G 24 q-1   G 24 q-2   G 24 q-3

Besonders kompakte und zugleich lichtstromstarke Lampen werden z. B. zur Bestückung von Downlights benötigt. Bei der PLC-Lampe sind vier Leuchtstoffrohre im Quadrat angeordnet und miteinander verbunden, deshalb sind PLC-Lampen kürzer als PL-Lampen. Diese Ausführung gibt es in den Leistungsgrößen 10 W, 13 W, 18 W und 26 W.

Die 10 W- und 13 W-Ausführungen können am gleichen Vorschaltgerät betrieben werden, die 18 W- und 26 W-Ausführung benötigt jeweils ein der Lampe zugeordnetes Vorschaltgerät. Aufgrund dieser Tatsache hat diese Kompakt-Leuchtstofflampenreihe drei unterschiedliche Sockel, um ein eventuelles Vertauschen bei der Nachbestückung zu vermeiden. Bei der 2-Stift-Sockel-Ausführung (Starter eingebaut) haben die 10 W- und 13 W-Lampen den Sockel G 24 d-1, die 18 W-Lampe den Sockel G 24 d-2 und die 26 W-Lampe den Sockel G 24 d-3. Für den Einsatz mit Transistorvorschaltgeräten bzw. elektronischen Vorschaltgeräten werden Lampen mit 4 Stift-Sockel – G 24 q-1, G 24 q-2, G 24 q-3 – benötigt.

Eigenschaften von Glühlampen und Kompakt-Leuchtstofflampen

Lichtausbeute	niedrig	hoch	hoch
Lebensdauer Std.	1000	8000	8000
Farbwiedergabe	sehr gut	sehr gut	sehr gut
Warme Lichtfarben	ja	ja	ja
E27 Sockel	ja	ja	nein
Typenvielfalt	groß	mittel/klein	klein
Dimmen	möglich	nein	nein
Vorschaltgerät	nein	eingebaut	ja
Temperaturabhängigkeit	nein	ja	ja
Gewicht	niedrig	hoch/niedrig	niedrig

Bei der Entwicklung der Alternativen zu Glühlampen war man bestrebt, die positiven Eigenschaften der Glühlampe zu übernehmen und ihre Nachteile zu meiden.

Die Lichtausbeute wurde bei den Kompakt-Leuchtstofflampen gegenüber der Glühlampe vervierfacht, die Lebensdauer ist sogar 8 mal so lang. Die angenehme, warme Lichtfarbe und gute Farbwiedergabeeigenschaft ist bei den Energiesparlampen erhalten geblieben. Mit dem Glühlampensockel E 27 ist die Kompakt-Leuchtstofflampe SL und PLCE, mit dem Sockel G 23 die PL-Lampe und mit dem Sockel G 24 die PLC-Lampe versehen. Die von den Glühlampen gewohnte Typenvielfalt ist bei den Alternativen noch begrenzt. Das Dimmen der Lampen ist nicht möglich und zum Betrieb ist ein Vorschaltgerät, entweder eingebaut oder separat untergebracht (PL- bzw. PLC-Lampe), nötig. Genau wie bei den Leuchtstofflampen fällt der Lichtstrom bei hohen und niedrigen Umgebungstemperaturen ab. Das Gewicht der Kompakt-Leuchtstofflampe SL ist aufgrund des eingebauten Vorschaltgerätes hoch, das der PLCE-, PL- und PLC-Lampe vergleichbar niedrig.

Kompakt-Leuchtstofflampen mit Stecksockel 2 G 11

	PL		DULUX L

Leistung:	18 W	24 W	36 W
Länge:	225 mm	320 mm	415 mm
Lichtfarbe:	Dreibanden-Leuchtstofflampen- Lichtfarben: Warmton Extra Warmton Weiß		
	de Luxe-Leuchtstofflampen- Lichtfarben: Warmton Weiß Tageslicht		
Lebensdauer:	8000 Stunden		
Sockel:	2 G 11		

Betrieb:

induktives
Vorschaltgerät

elektronisches
Vorschaltgerät

Eine Alternative zu den bekannten stabförmigen Leuchtstofflampen stellen die Kompakt-Leuchtstofflampen 18 W, 24 W und 36 W dar. Sie sind wesentlich kürzer als die stabförmigen Leuchtstofflampen und sind damit zur Bestückung von technischen Kurzfeldleuchten in quadratischer oder rechteckiger Form geeignet, während die stabförmigen Leuchtstofflampen 36 W 1,20 m lang sind, ist die PL 36 W nur 0,42 m lang. Vorschaltgerät und Starter müssen in den Leuchten untergebracht sein. Genau wie bei den bekannten Leuchtstofflampen werden die Kompakt-Leuchtstofflampen 18 W, 24 W, 36 W, in den Dreibanden-Lichtfarben „Warmton Extra", „Warmton" und „Weiß" gefertigt.

Für besonders hohe Anforderungen an die Farbwiedergabeeigenschaft z. B. in Textilgeschäften, Druckereien, Museen und grafischen Betrieben werden diese Lampen auch mit den „de Luxe" Leuchtstofflampen-Lichtfarben in „Warmton", „Weiß" und „Tageslicht" geliefert.

Da die Lampen einen 4 Stift-Sockel 2 G 11 besitzen, können zum Betrieb sowohl konventionelle Vorschaltgeräte mit separatem Starter als auch elektronische Vorschaltgeräte, z. B. zum Dimmen, eingesetzt werden.

Lichtstrom in Abhängigkeit von der Umgebungstemperatur bei Kompakt-Leuchtstofflampen mit induktivem Vorschaltgerät

SL* 18W

Das Prinzip der Lichterzeugung bei Kompakt-Leuchtstofflampen entspricht dem der langgestreckten stabförmigen Leuchtstofflampen. Deshalb ist auch bei Kompakt-Leuchtstofflampen der Lichtstrom abhängig von der Umgebungstemperatur der Lampe. Darüberhinaus spielt auch noch die Brennlage der Kompakt-Leuchtstofflampen eine Rolle. Wegen des kompakten Aufbaus mit dem integrierten Vorschaltgerät und des geringen Durchmessers des Lampenrohres erwärmt sich das Lampenrohr der SL-Lampen stärker als das der stabförmigen Leuchtstofflampen. Um die Kompakt-Leuchtstofflampen über einen weiten Temperaturbereich optimal zu betreiben, wird in den SL-Lampen die Amalgamtechnik angewendet, d. h. das Lampenrohr enthält neben wenigen Milligramm Quecksilber auch etwas Indium. Hierbei wird die physikalische Eigenschaft ausgenutzt, daß der Quecksilberdampfdruck über der Quecksilber-Indiumverbindung (Amalgam) bei gleicher Temperatur geringer ist als über reinem Quecksilber.

Das Indium befindet sich in Elektrodennähe, also im unteren Teil der SL-Lampe. Da die Wärme von unten nach oben steigt, ist im hängenden Betriebszustand bei niedriger Umgebungstemperatur der Lichtstrom höher als bei stehender Lampe. Deshalb ist es sinnvoll, die SL-Lampe in Außenleuchten in hängender Brennlage zu betreiben.

Lichtstrom in Abhängigkeit von der Umgebungstemperatur bei Kompakt-Leuchtstofflampen mit integriertem elektronischen Vorschaltgerät bzw. mit Stecksockel

PL-S 9W

(Diagramm: rel. Lichtstrom in % über Umgebungstemperatur von -10 °C bis 60 °C)

Wie bei stabförmigen Leuchtstofflampen ist auch bei Kompakt-Leuchtstofflampen der Lichtstrom abhängig von der Umgebungstemperatur, die den Quecksilberdampfdruck bestimmt. Bei zu hohen und zu niedrigen Drücken bzw. Temperaturen geht der Lichtstrom zurück. Da die Kolbenwandtemperatur des dünnen Lampenrohres im Vergleich zur stabförmigen Leuchtstofflampe höher ist, mußte eine Dampfdruckreduzierung vorgenommen werden. Hierfür wurde das physikalische Gesetz angewandt, daß in einem geschlossenen Glasgefäß die kühlste Stelle den Gesamtgasdruck bestimmt. Bei den Kompakt-Leuchtstofflampen mit integriertem elektronischen Vorschaltgerät (PLC-E, DULUX-EL) und den Lampen mit Stecksockel (G23, G24d und 2G11) befinden sich an den äußersten Ecken des Rohrbogens Kühlstellen, deren Temperatur für den Dampfdruck und damit für den Lichtstrom verantwortlich sind. Wegen der stets nach oben strömenden warmen Luft ist bei gleicher Umgebungstemperatur die Temperatur der Kühlstellen und damit auch der Lichtstrom abhängig von der jeweiligen Brennlage. Bei Einsatz dieser Kompakt-Leuchtstofflampen in Außenleuchten sollte deshalb die stehende der hängenden Brennlage vorgezogen werden.

Funktion der Leuchtstofflampe

Quecksilberdampf Niederdruck

Die Leuchtstofflampen arbeiten mit Quecksilberdampf sehr niedrigen Druckes. An den beiden Enden der Leuchtstofflampe befinden sich die Elektroden. Sie sind aus einem Wolframdraht, der mit einem Emitter überzogen ist, um den Austritt der Elektronen in den Entladungsraum zu erleichtern. Die Elektronen treffen auf ihrem Weg im Entladungsrohr auf die Quecksilberatome. Beim Zusammenstoß wird ein Elektron des Quecksilberatoms aus seiner Bahn geworfen und umkreist in größerem Abstand den Atomkern. Es federt dann in seine ursprüngliche Bahn zurück und gibt dabei die aufgenommene Stoßenergie in Form von UV-Strahlung ab.

Zur Strombegrenzung ist ein *Vorschaltgerät* erforderlich, als Zündhilfe dient ein *Starter*. Wird die Lampe eingeschaltet, fließt zunächst Strom durch den Starter, in dem eine Glimmentladung hervorgerufen wird. Diese erzeugt Wärme, die im Starter befindlichen Elektroden aus Bimetall biegen sich zusammen und schließen den Kontakt. Der Strom fließt jetzt durch die beiden Elektroden der Leuchtstofflampe und bringt diese zum Glühen. Die Glimmentladung im Starter hört auf, das Bimetall kühlt ab und öffnet wieder den Kontakt. Hierbei entsteht ein plötzlicher Spannungsstoß im Vorschaltgerät, der die Lampe zündet.

Schaltungen von Leuchtstofflampen bei Betrieb an 50 Hz

Einzelschaltung, induktiv	Einzelschaltung, kapazitiv
Duo-Schaltung	Tandem-Schaltung

- Induktives Vorschaltgerät
- Kapazitives Vorschaltgerät
- Kondensator
- Lampe
- Starter

Zum Betrieb von Leuchtstofflampen benötigt man ein Vorschaltgerät und einen Starter. Die Leuchtstofflampe hat eine negative Charakteristik, d. h. bei steigendem Strom sinkt die Spannung; die Lampe würde also immer mehr Strom aufnehmen, bis sie schließlich zerstört wird, wenn nicht vorher die Haussicherung anspricht. Um dies zu vermeiden, wird mit Hilfe eines Vorschaltgerätes der Strom begrenzt. Darüberhinaus hat das Vorschaltgerät die Aufgabe, in Kombination mit einem Starter, die erforderliche Zündspannung zu liefern. Als strombegrenzende Geräte gibt es ohmsche Widerstände, z. B. Glühlampen, induktive Widerstände – auch *Drosselspulen* genannt – und kapazitive Widerstände (Kombination Drosselspule/Kondensator). Ohmsche Vorschaltgeräte werden nicht verwendet, weil sie unwirtschaftlich sind. Drosselspulen haben aufgrund ihrer geringen Verluste die weitaus größte Bedeutung. Kapazitive Vorschaltgeräte werden in Einzelschaltung und in Duoschaltung – eine Lampe mit induktivem und eine Lampe mit kapazitivem Vorschaltgerät – eingesetzt, um den Leistungsfaktor $\cos \varphi$ in die gewünschte Nähe von 1 zu bringen. Mit Hilfe der *Tandemschaltung* können zwei Leuchtstofflampen an einem Vorschaltgerät betrieben werden. Beim Betrieb von Leuchtstofflampen an Hochfrequenz werden elektronische Vorschaltgeräte verwendet.

Spektrum der Dreibandenleuchtstofflampe

Spektrum Dreibanden-Leuchtstofflampe

V_λ Auge

Wellenlänge λ — 300, 400, 500, 600, 700, 800 nm

Die angeregten Quecksilberatome innerhalb des Glasrohres erzeugen im wesentlichen eine für den Menschen unsichtbare Ultraviolettstrahlung (UV-Strahlung). Diese wird durch die auf der Innenseite des Lampenrohres aufgetragene *Leuchtstoffschicht* in sichtbare Strahlung umgewandelt. Die chemische Zusammensetzung des Leuchtstoffs bestimmt die Eigenschaft der Leuchtstofflampen wie: Lichtausbeute, Lichtstromkonstanz während der Brenndauer, Lichtfarbe und Farbwiedergabeeigenschaft. Die wirtschaftlichsten Leuchtstofflampen sind die *Dreibandenleuchtstofflampen,* sie haben eine hohe Lichtausbeute (bis 96 lm/W) und eine sehr gute Farbwiedergabeeigenschaft. Das Spektrum einer solchen Lampe hat drei besonders stark ausgeprägte Spektralbereiche im blauen, grünen und roten Bereich, daher auch der Name Dreibandenleuchtstofflampe. Die $V\lambda$-Kurve gibt an, wie empfindlich das Auge bei den verschiedenen Wellenlängen ist.

Lichtausbeute und Farbwiedergabeeigenschaften von Leuchtstofflampen

Die *Wirtschaftlichkeit* einer Lampe hängt vom Verhältnis abgestrahlter Lichtstrom (Lumen) zu aufgenommener Leistung (Watt) ab: die Lichtausbeute (lm/W). Die Farbwiedergabeeigenschaft von Lampen ist in der DIN 5035 Teil 1 „Innenraumbeleuchtung mit künstlichem Licht" in sechs Stufen eingeteilt. In Stufe 1 A sind Lampen mit besonders guten Farbwiedergabeeigenschaften, wie z. B. de Luxe-Leuchtstofflampen, mit den Lichtfarben Warmton-Extra, Warmton, Weiß und Tageslicht. Die Dreibanden- und Kompakt-Leuchtstofflampen gehören zur Stufe 1B. Auch die Dreibanden-Leuchtstofflampen sind in den Lichtfarben Warmton-Extra, Warmton, Weiß und Tageslicht verfügbar. Noch gute Farbwiedergabeeigenschaften hat die Leuchtstofflampe mit der Lichtfarbe 25 Weiß. Mäßige Farbwiedergabeeigenschaften haben die Leuchtstofflampen mit den Standard-Lichtfarben Weiß (2B) und Warmton (3). Leuchtstofflampen in der Farbwiedergabestufe 4 gibt es nicht. De Luxe-Leuchtstofflampen werden eingesetzt, wo feinste Farbnuancen erkannt werden müssen, z. B. Museen, Ausstellungen, Textil- und Lederwarenverkauf; ihre Lichtausbeute liegt bei 65 lm/W. Dreibanden-Leuchtstofflampen sind am wirtschaftlichsten wegen ihrer hohen Lichtausbeute. Die Standard-Lichtfarben Warmton und Weiß sind wegen ihrer mäßigen Farbwiedergabeeigenschaft nur dort einsetzbar, wo es auf das Erkennen von Farben nicht entscheidend ankommt, z. B. Lagerhallen, Grobindustrie, Straßenbeleuchtung.

Leuchtstofflampen-Lichtfarben verschiedener Hersteller

Lichtfarbe	Farbwieder-gabestufe nach DIN 5035	Herstellerbezeichnung			
		Philips	Osram	Sylvania	Thorn
Warmton Extra de Luxe	1 A	92	-	-	-
Warmton Extra *	1 B	82	41	182	-
Warmton de Luxe	1 A	93	32	193	-
Warmton*	1 B	83	31	183	83
Warmton	3	29	30	129	4
Weiß de Luxe	1 A	94	22	194	-
Weiß*	1 B	84	21	184	84
Universalweiß	2 A	25	25	125	2
Weiß	2 B	33	20	133	1
Tageslicht de Luxe	1 A	95	12	-	9
Tageslicht*	1 B	86	11	186	-

*Dreibanden-Leuchtstoff

Um allen Anwendungsgebieten gerecht zu werden, gibt es eine Vielzahl verschiedener Leuchtstofflampentypen, die sich in der Lichtfarbe, Farbwiedergabeeigenschaft und Lichtausbeute unterscheiden. Jeder Lampenhersteller bezeichnet diese unterschiedlichen Lichtfarben mit Zahlen. Bei den Leuchtstofflampen, die mit einem * gekennzeichnet sind, handelt es sich um Dreibanden-Leuchtstofflampen, die sich durch eine hohe Lichtausbeute und gute Farbwiedergabe (1B) auszeichnen. Die „de Luxe" Lichtfarben besitzen eine besonders gute Farbwiedergabeeigenschaft (Farbwiedergabestufe 1A), allerdings auf Kosten einer geringeren Lichtausbeute. Standard-Leuchtstofflampen, die den Farbwiedergabestufen 2B und 3 angehören, können nur dort eingesetzt werden, wo es nicht auf das Erkennen und Wiedergeben von Farben ankommt. Außer diesen Lichtfarben gibt es noch eine Reihe von speziellen Lichtfarben. Hierzu zählen z. B. farbige Leuchtstofflampen, Leuchtstofflampen mit einer besonders betonten Farbwiedergabe von Fleisch und Wurstwaren und Schwarzlicht-Leuchtstofflampen zur Fluoreszenzanregung.

Leuchtstofflampen-Lichtfarben für verschiedene Anwendungsgebiete

● bevorzugt anwenden	Lichtfarbenbezeichnungen									
	warmweiß					neutralweiß				tageslicht-weiß
Philips	92	82	93	83	29	94	84	25	33	95
Osram	-	41	32	31	30	22	21	25	20	12
Anwendungsgebiet										
Lebensmittelverkauf				●			●			
Bäckerei		●	●							
Schlachterei							●	X		
Sport-, Spielwaren				●			●	X		
Textilien, Lederwaren				●	X	●		X		
Büro, Klassenraum				●			●	X		
Sitzungszimmer		●		●						
Sporthalle				●			●	X		
Museum		X				●				X
Gaststätte	●	●								
Wohnung	●	●								
Straße					X				X	
Werkstatt							●	X	X	
Lager							●		X	
Grafisches Gewerbe						●				●

Für die unterschiedlichen Anwendungsgebiete werden auch verschiedene Anforderungen an die Lichtfarbe und Farbwiedergabeeigenschaft von Leuchtstofflampen gestellt. Die Lichtfarben der Leuchtstofflampentypen werden mit Zahlen gekennzeichnet. Nach der DIN 5035 Teil 1 „Innenraumbeleuchtung mit künstlichem Licht" gibt es Lampen mit warmweißer, neutralweißer und tageslichtweißer Lichtfarbe. Diese haben jeweils unterschiedliche Farbwiedergabeeigenschaften, die im wesentlichen das Anwendungsgebiet bestimmen. Leuchtstofflampen mit warmweißer Lichtfarbe werden dort eingesetzt wo eine behagliche, glühlampenähnliche Lichtfarbe gewünscht wird. Die neutralweißen Leuchtstofflampen, deren Lichtfarbe zwischen dem natürlichen Tageslicht und dem gewohnten Glühlampenlicht liegt, ist für Arbeitsräume, in denen eine vorwiegend sachliche Atmosphäre herrschen soll, bestimmt. Die tageslichtweißen Lichtfarben mit ihrer bläulich-weißen Lichtfarbe kommen für allgemeine Beleuchtungszwecke nur selten in Frage. Die mit einem ● gekennzeichneten Lichtfarben sind den mit einem X versehenen Lichtfarben vorzuziehen.

Lebensdauer von Leuchtstofflampen

Zur Bestimmung der Lebensdauer von Leuchtstofflampen wurde der Begriff *Nutzlebensdauer* eingeführt. Es handelt sich hierbei um den sog. *Anlagenlichtstrom*. Dieses ist der Lichtstrom, der in einer Beleuchtungsanlage nach einer gewissen Brenndauer vorhanden ist. Da in der DIN 5035 Teil 1 „Innenraumbeleuchtung mit künstlichem Licht" gefordert wird, daß eine Beleuchtungsanlage dann gewartet werden muß, wenn die Beleuchtungsstärke auf 80% gefallen ist, hat man als minimalen Anlagenlichtstrom von Leuchtstofflampen ebenfalls 80% festgelegt. Dieser Wert wird im allgemeinen nach 7.500 Stunden erreicht. Der Abfall des Anlagenlichtstromes ist als Bereich angegeben, da die Anlagenlichtströme abhängig sind von der Leistung und der Lichtfarbe der Leuchtstofflampen sowie vom Zubehör und den Betriebsbedingungen. Der Anlagenlichtstrom beinhaltet den Lichtstromabfall und die nicht mehr funktionsfähigen Lampen in einer Beleuchtungsanlage. Der Lichtstromabfall ist bedingt durch die Ermüdung des Leuchtstoffes und die Abnahme der Funktionsfähigkeit im Laufe der Brenndauer, z. B. durch Wendelbruch der Elektroden.

Lichtstrom in Abhängigkeit von der Umgebungstemperatur bei Leuchtstofflampen

Der in den Listen der Lampenhersteller angegebene Lichtstrom für Leuchtstofflampen bezieht sich auf eine *Umgebungstemperatur* von ca. 25° C. Werden die Leuchtstofflampen bei höheren oder aber auch bei niedrigeren Umgebungstemperaturen betrieben, sinkt ihr Lichtstrom. Bei hohen Umgebungstemperaturen steigt der Dampfdruck innerhalb des Entladungsrohres und bewirkt, daß die Selbstabsorption der UV-Strahlung zunimmt, wodurch zusätzliche Verluste bei der Entladung entstehen. Bei zu geringem Dampfdruck, als Folge einer zu niedrigen Umgebungstemperatur, werden zu wenig Quecksilberatome in der Entladung angeregt, so daß hierdurch ebenfalls der Lichtstrom zurückgeht. Für Außenbeleuchtungsanlagen sind deshalb in den Wintermonaten Leuchtstofflampen nur dann akzeptabel, wenn sie in Leuchten montiert sind, die eine höhere Umgebungstemperatur als die Außentemperatur schaffen. Die 58 Watt-Leuchtstofflampen verhalten sich bei niedrigen Umgebungstemperaturen günstiger als die 36 Watt-Ausführungen.

Energiebilanz der Leuchtstofflampe

```
ZUGEFÜHRTE LEISTUNG
100%
ENTLADUNG

LICHT   UV    WÄRME
2%      61%   37%

        LEUCHTSTOFF
        LICHT   WÄRME
        23%     37%

                ROHRWAND
25%     1%      39%     35%

LICHT   UV      IR L        WÄRME
                STRAHLUNG   LEITUNG
```

Das Schema zeigt die verschiedenen Energieformen, in welche die zugeführte elektrische Leistung gewandelt wird. Die angegebenen Werte sind Durchschnittswerte, da sie abhängig sind von der Stromdichte, dem Quecksilberdampfdruck und dem Leuchtstoff. Von den 100% zugeführter Leistung werden 2% unmittelbar in sichtbares Licht umgesetzt und 61% in unsichtbare Ultraviolettstrahlung (UV) hauptsächlich mit der Wellenlänge 254 nm. Der Rest von 37% ist Verlust: Elektroden-, Wand- und Volumenverluste, die sich als Wärme an der Rohrwand zeigen. Die 61% Leistung in Form von Ultraviolettstrahlung, die auf den Leuchtstoff trifft, ergeben etwa 23% sichtbares Licht und 37% Wärme; etwa 1% der UV-Strahlung tritt direkt aus der Leuchtstofflampe aus. Von den 74% Leistung, die insgesamt als Wärme auf die Rohrwand gelangen, werden 39% als Infrarotstrahlung und 35% durch Wärmeleitung und Konvektion an die Umgebung abgegeben.

Vorschaltgeräte für Leuchtstofflampen

KVG
KONVENTIONELL
Drossel aus
Kupfer-Eisen

LEISTUNG IM SYSTEM	
z.B. 80% 58W	20% 13W
System: 71W	

VVG
VERLUSTARM
Drossel mit
weniger/dickerem
Kupferdraht
besserem Eisen

z.B. 85% 58W	15% 8W
System: 66W	

EVG
ELEKTRONISCH
Frequenzwandler
+Filter

z.B. 90% 50W	10% 5W
System: 55W	

Aufgrund ihrer negativen Strom-Spannungs-Kennlinie benötigen Leuchtstofflampen Geräte zur Strombegrenzung. Hierfür wurden bisher hauptsächlich konventionelle Drosselspulen, bestehend aus einem Eisenkern, umwickelt mit Kupferdraht, verwendet. Eine 1,5 m lange Leuchtstofflampe mit 58 W Lampenleistung verursacht zusätzlich in der Drossel eine Verlustleistung von ca. 13 W. Im System Lampe/Vorschaltgerät werden also 71 W verbraucht. Weniger Leistung wird benötigt, wenn das konventionelle Vorschaltgerät (KVG) ersetzt wird durch ein verlustarmes Vorschaltgerät (VVG). Die Reduzierung der Verluste von 13 W auf 8 W in dem Beispiel einer 1,5 m langen Leuchtstofflampe wurden durch die Verwendung von weniger und dickerem Kupferdraht sowie besserem Eisen möglich. Höhere Einsparungen an elektrischer Energie (bis zu 25 %) werden durch die Verwendung von elektronischen Vorschaltgeräten (EVG) möglich. Bei etwa gleichem Lichtstrom reduziert sich die Systemleistung (Lampe + Vorschaltgerät) auf 55 W. Die elektronischen Vorschaltgeräte arbeiten bei einer Frequenz zwischen 25 und 40 kHz und haben zur Verminderung von Netzrückwirkungen, z. B. durch Oberwellen, ein Filter.

Leuchtstofflampen in Hochfrequenzbetrieb haben höhere Lichtausbeuten

Außer den niedrigeren Verlusten im Vorschaltgerät steigt mit zunehmender Betriebsfrequenz die Lichtausbeute der Leuchtstofflampe. Gegenüber dem Betrieb mit 50 Hz ergibt sich ab etwa 10 kHz ein Lichtausbeutegewinn in der Größenordnung von 10 %, da die Verluste in der Übergangszone Katode/Entladungsstrecke (Katodenverluste) bei höheren Frequenzen kleiner sind als bei der Netzfrequenz von 50 Hz. Die hierdurch entstehende höhere Lichtausbeute kann in zweierlei Hinsicht genutzt werden: Entweder kann bei gleicher Lampenleistung wie bei 50 Hz (z. B. 58 W) ein höherer Lichtstrom erzeugt werden, oder es wird in etwa der gleiche Lichtstrom wie bei 50 Hz bei verminderter Leistungsaufnahme der Lampe erzeugt. Da der Lichtstrom pro Lampe bei den Dreibanden-Leuchtstofflampen ausreichend hoch ist, wird zweckmäßigerweise die Lampe mit weniger als 58 W betrieben, z. B. mit 50 W bzw. statt 36 W mit 32 W.

Funktion des elektronischen Vorschaltgerätes für Leuchtstofflampen

```
                  ┌─────────┐  ┌──────────────┐  ┌──────────────┐
                  │         │  │ Gleichrichter│  │ Wechselrichter│ ┌───────┐
                  │         │  │              │  │ Hochfrequenz │─│ Lampe │
  o───  220 V ────│ Filter  │──│      +       │──│   25-40 kHz  │ └───────┘
       50 Hz      │         │  │   Puffer-    │  │      +       │ ┌───────┐
                  │         │  │ kondensator  │  │  Abschalt-   │─│ Lampe │
                  └─────────┘  └──────────────┘  │  automatik   │ └───────┘
                                                 └──────────────┘
```

Bei dem *elektronischen Vorschaltgerät* wird zunächst die Netzspannung 220 V, 50 Hz gleichgerichtet und geglättet. Die entstandene Gleichspannung wird dann in eine Wechselspannung je nach Fabrikat zwischen 25 und 40 kHz umgeformt, die über Stabilisierungsglieder die Leuchtstofflampen versorgt. Zur Verminderung von Netzrückwirkungen durch Oberwellen, Unterdrückung von Funkstörungen und zum Schutz der elektronischen Bauteile vor Schaltspannungsspitzen aus dem Netz ist ein Filter vorgeschaltet. Der Gleichrichter besteht aus einer Dioden-Brückenschaltung, die die Netzwechselspannung in eine Gleichspannung umwandelt und einen Pufferkondensator auflädt. Der Halbleiter-Wechselrichter wandelt die Gleichspannung in die hochfrequente Wechselspannung um, an der eine oder aber auch zwei Leuchtstofflampen betrieben werden. Wenn die Lampen nicht zünden, schaltet eine Abschaltautomatik nach 2 Sekunden die Lampenversorgung ab. Nach Ersatz der schadhaften Lampe ist das elektronische Vorschaltgerät sofort wieder betriebsbereit.

Technische Vorteile des Hochfrequenzbetriebes von Leuchtstofflampen

- Geringe VG-Verluste
- Höhere Lichtausbeute der Lampen
- Flackerfreier Start
- Kein Starter
- Kein stroboskopischer Effekt
- Leistungsfaktor nahezu 1
- Lebensdauer EVG ca. 50.000 Stunden
- Dimmen möglich (Spezial-EVG)

Zusätzlich zu dem wirtschaftlichen Vorteil hat der Betrieb von Hochfrequenz-Leuchtstofflampen an elektronischen Vorschaltgeräten noch zahlreiche weitere technische Vorzüge. Die Lampen starten nach dem Einschalten sofort und flackerfrei, da die Schaltung ohne den bei konventionellen Vorschaltgeräten erforderlichen Glimmstarter arbeitet. Netzspannung und Netzstrom liegen beim EVG praktisch in Phase, der Leistungsfaktor ist nahezu 1; ein zusätzlicher Kompensationskondensator kann also eingespart werden.

Der Betrieb mit Gleichspannung ist im Bereich von 200 V bis 310 V möglich.

EVG in Sonderausführung enthalten ein Dimm-Modul. Es verändert die Frequenz im Hochfrequenz-Teil und senkt dadurch die Leistungsaufnahme der Lampen und damit ihren Lichtstrom von 100 % bis 25 % ab. Aufgrund von Berechnungen ist bei EVG eine Ausfallrate von 1 % pro 4000 Betriebsstunden zu erwarten, wenn die Temperatur am vorgegebenen Meßpunkt am Gehäuse +65° C nicht überschreitet.

Ermittlung der „pay-back-Zeit" einer Beleuchtungsanlage mit elektronischem Vorschaltgerät

Mit Hilfe eines Diagramms kann die pay-back-Zeit einer Beleuchtungsanlage mit einem elektronischen Vorschaltgerät (EVG) z. B. in einer zweilampigen Leuchte ermittelt werden. Für das eingezeichnete Beispiel gilt: Stromtarif 0,25 DM/kWh, jährliche Betriebsdauer der Beleuchtungsanlage 3000 Stunden.

Bei Verwendung von zweilampigen Leuchten, bestückt mit 1,5 m langen Leuchtstofflampen, beträgt die Systemleistung (Lampe + Vorschaltgeräteverlust) mit EVG 2 x 55 W = 110 W, mit konventionellem Vorschaltgerät (KVG) 2 x 71 W = 142 W. Die Leistungseinsparung pro Leuchte ist dann 32 Watt. Bei einem angenommenen Leuchtenmehrpreis von 70 DM ergibt sich eine pay-back-Zeit von $t_0 =$ 2,9 Jahre. Wird die Verzinsung der Mehrkosten mit einem Zinsfuß von 10 % berücksichtigt, so ergibt sich die pay-back-Zeit zu t = 3,5 Jahre. Nach Ablauf der pay-back-Zeit spart die Anlage mit EVG Stromkosten.

4 Entladungslampen

Hochdruck-Quecksilberdampflampe und
Mischlichtlampe 64
Hochdruck-Metallhalogendampflampe. 65
Hochdruck- und Niederdruck-Natriumdampflampen 66
Hochdruck-Entladungslampen für die Akzent- und Innenbeleuchtung ... 67
Entwicklung der Lichtausbeuten von Lampen 68
Schwarzlichtlampen 69
Sockelbezeichnungen nach DIN 49 726. 70

Hochdruck-Quecksilberdampflampe und Mischlichtlampe

Hochdruck-Quecksilberdampflampe

E 27
E 40

Leuchtstoff

Quarz-Brenner

Mischlicht-lampe

E 27
E 40

Leuchtstoff

Quarz-Brenner   Glühwendel

Hochdruck-Quecksilberdampflampen werden in den Leistungsstufen 50 bis 2000 W hergestellt. Sie benötigen außer einem Vorschaltgerät kein spezielles Zubehör. Die Zündung erfolgt über Hilfselektroden die an jedem Ende des Brenners neben den Hauptelektroden isoliert angebracht und über einen Widerstand mit der Hauptelektrode des Gegenpols verbunden sind. Zwischen Hilfs- und Hauptelektrode entsteht nach dem Einschalten zunächst eine Hilfsentladung, die die Entladungsstrecke ionisiert. Nach dem Zünden fließt der Strom nur zwischen den Hauptelektroden. Der Lampenkolben ist innen mit einem Leuchtstoff beschichtet, der die im Brenner entstehende UV-Strahlung absorbiert und das Spektrum der Entladung vor allem im roten Bereich ergänzt (Farbwiedergabestufe 3).

Mischlichtlampen stellen eine Kombination einer Hochdruck-Quecksilberdampflampe und einer Glühlampe dar. Eine Glühlampenwendel, die zur Lichterzeugung beiträgt und als Vorschaltgerät dient, und ein Quecksilberbrenner sind hintereinandergeschaltet und zusammen in einem Außenkolben untergebracht, sie benötigt deshalb kein Vorschaltgerät. Die Lichtausbeute ist deutlich niedriger, weil die Glühwendel als Vorschaltgerät relativ viel Leistung bei wenig Lichtstrom verbraucht.

Hochdruck-Metallhalogendampflampe

Hochdruck-
Metallhalogendampf-
lampen

E 40

Lichtstreuende Schicht

E 40

Quarz-Brenner

Hochdruck-Metallhalogendampflampen sind eine Weiterentwicklung der Hochdruck-Quecksilberdampflampen. Durch Zusätze von Halogenverbindungen verschiedener Metalle oder seltener Erden erhöht sich die Lichtausbeute (bis 95 lm/W) und verbessert sich die Farbwiedergabeeigenschaft (Stufe 1 und 3). Die Lampen gibt es mit einem Ellipsoidkolben in den Leistungen von 250 W bis 1000 W, in Röhrenform von 250 W bis 3500 W. Als zweiseitig gesockelte Ausführung stehen auch Lampen kleinerer Leistung, z. B. 70 W, 150 W zur Verfügung. Da die Zündspannung von Hochdruck-Metallhalogendampflampen höher als die Netzspannung ist, wird außer dem Vorschaltgerät noch ein Zündgerät benötigt. Die Hochdruck-Metallhalogendampflampen höherer Leistung werden vorwiegend in der Sportstättenbeleuchtung – innen und außen – und in hohen Hallen, z. B. in der Industrie eingesetzt. Die Lampen niedriger Leistung und die zweiseitig gesockelten Ausführungen eignen sich z. B. zur Beleuchtung von Verkaufsräumen und Schaufenstern.

Hochdruck- und Niederdruck-Natriumdampflampen

Hochdruck-Natriumdampflampe

E27
E40

Lichtstreuende Schicht

E40

Keramikbrenner
Al_2O_3 Aluminiumoxid

Niederdruck-Natriumdampflampe

BY22

Licht

U-Rohr mit Natriumentladung
IR-reflektierende Schicht

Hochdruck-Natriumdampflampen werden mit Ellipsoidkolben und in Röhrenform in den Leistungen von 50 W bis 1000 W gefertigt. Der transparente Keramikbrenner, der widerstandsfähig gegen die Aggressivität des Natriums ist, strahlt eine warmweiße Lichtfarbe ab (Farbwiedergabestufe 4, Comfort-Ausführung Stufe 3). Die Lampe benötigt zum Betrieb ein Vorschaltgerät und Zündgerät, ihre Lichtausbeute ist etwa doppelt so hoch wie die der Hochdruck-Quecksilberdampflampen (bis zu 130 lm/W). Die Hochdruck-Natriumdampflampe findet in immer stärkerem Maße Einsatz bei der Beleuchtung von Straßen, Freiflächen, Containerterminals, Sportplätzen, Industriehallen und zur Belichtung in der Pflanzenaufzucht.

Niederdruck-Natriumdampflampen werden in den Leistungsstufen zwischen 18 und 180 W hergestellt. Der U-förmige Brenner ist in einem Außenkolben, der zur Wärmeisolierung eine Infrarot (IR)-reflektierende Schicht besitzt, untergebracht. Die Lampe zeichnet sich dadurch aus, daß sie die höchste Lichtausbeute aller Lichtquellen besitzt. Aufgrund ihrer monochromatischen Strahlung durchdringt sie besonders gut Dunst und Nebel. Sie findet Verwendung in der Straßen-, Hafen-, Tunnelbeleuchtung und im Objektschutz.

Hochdruck-Entladungslampen für die Akzent- und Innenbeleuchtung.

Hochdruck-Natriumdampflampen SDW-T, 35 W, 50 W, 100 W	Hochdruck-Metallhalogendampflampen MHN-TD, HQI-TS, 70 W, 150 W, 250 W
● hohe Lichtausbeute ● lange Nutzbrenndauer ● kompakte Bauform	
● warmweiße Lichtfarbe ● konstante Lichtfarbe durch Stabilisierung ● gute Farbwiedergabe Ra ≥ 80 ● kein UV ● auch für offene Leuchten ● beliebige Brennstellung	● neutralweiße bzw. warmweiße Lichtfarbe ● gute Farbwiedergabe ● für geschlossene Leuchten ● horizontale Brennstellung

Besonders warmes Licht ohne ausbleichende UV-Strahlung liefert die weiße Hochdruck-Natriumdampflampe SDW-T in den Leistungsstufen 35, 50 und 100 W. Die Lichtausbeute liegt bei 40 bis 50 lm/W, also 3 bis 4 mal so hoch wie bei vergleichbaren Glühlampen. Die Lichtfarbe bleibt über die Brenndauer von 5.000 Stunden konstant, die Farbwiedergabestufe ist 2; dies wird durch einen erhöhten Natriumdampfdruck in der Lampe erreicht. Die Brennstellung ist beliebig. Zum Betrieb benötigen die Lampen ein Vorschaltgerät und ein elektronisches Zünd- und Stabilisierungsgerät.

Das Hauptanwendungsgebiet dieser Lichtquelle liegt in der dekorativen Akzentbeleuchtung, z. B. im Verkaufsraum, im Schaufenster oder in Ausstellungsräumen.

Für die gleiche Anwendung eignen sich auch zweiseitig gesockelte Hochdruck-Metallhalogendampflampen 70 W, 150 W und 250 W, mit denen warmweißes oder neutralweißes Licht mit der Farbwiedergabestufe 1 oder 2 erzeugt wird. Die Brennstellung der Soffittenlampen ist eingeschränkt auf horizontale Lage ± 45°. Außerdem müssen die Lampen in Leuchten mit Silikatglas-Abdeckung betrieben werden. Um das Ausbleichen lichtempfindlicher Materialien durch den relativ hohen ultravioletten Strahlungsanteil zu verringern, empfiehlt sich die Verwendung eines UV-Filters.

Entwicklung der Lichtausbeuten von Lampen

Die Darstellung zeigt die Entwicklung der Lichtausbeuten der wichtigsten Lampen während der letzten 40 Jahre. Die Lichtausbeute in lm/W gibt an, wieviel Lichtstrom in Lumen (lm) pro zugeführter elektrischer Leistung in Watt (W) in einer Lampe erzeugt wird. Sie ist ein Maß für die Wirtschaftlichkeit der Lichtquelle. Da alle Entladungslampen zum Betrieb ein Vorschaltgerät benötigen, das ebenfalls elektrische Leistung aufnimmt, sind die Verluste der Vorschaltgeräte der Entladungslampen bei der Angabe der Lichtausbeute mit berücksichtigt. Die zum Teil starke Steigerung der Lichtausbeuten, insbesondere bei den Entladungslampen ist auf eine verbesserte Technik bei der Lampe selbst, durch die Verwendung neuer Leuchtstoffe und durch den Einsatz von elektronischen Vorschaltgeräten, die geringere Verluste aufweisen, zurückzuführen. Die Lichtausbeute ist bei allen Lampen abhängig von der Lampenleistung; die angegebenen Werte der Lichtausbeute gelten für eine mittlere Lampenleistung der jeweiligen Lampenart.

Schwarzlichtlampen

Die *Schwarzlichtlampen* gibt es mit Ellipsoidkolben und als Leuchtstofflampenausführung. Entweder im Hochdruck-Quecksilberdampfbrenner oder im Leuchtstofflampen-Entladungsrohr wird die für den Menschen unsichtbare UV-Strahlung erzeugt. Das Spezialglas des Kolbens bzw. des Entladungsrohres läßt die UV-A-Strahlung im Bereich von 365 nm durch, absorbiert jedoch die sichtbare Strahlung. Es gibt eine Reihe von Materialien, die die Eigenschaft haben, die auftreffende UV-Strahlung in sichtbares Licht umzuwandeln; man nennt diesen Vorgang *Lumineszenz*. Diese effektvolle Wirkung wird z. B. auf Bühnen im Theater oder aber bei Parties zu Hause genutzt. Weitere Anwendungen dieser Lampen findet man im Bereich der chemischen Analysen, in der Kriminalistik zum Erkennen von Fälschungen bei Banknoten, Briefmarken, Unterschriften sowie bei der Lebensmitteluntersuchung.

Sockelbezeichnungen nach DIN 49726

1. Buchstabe: Sockelkonstruktion
2. Zahl : Abmessung

Sockel		Lampen
B 15 :	Bajonettsockel 15mm ø	Glühlampen
E 27 :	Schraubsockel 27mm ø	Glühlampen
FA 4 :	Einzeln herausragender zylindrischer Stift 4mm ø	zweiseitig gesockelte Halogen-glühlampen
G 13 :	Sockel mit 2 oder mehreren heraus-ragenden Kontaktteilen 13 mm Abstand	Leuchtstoff-lampen
G 23 :	23mm Abstand	PL 5-11W
G 11 :	11mm Abstand	PL 18-36W
G 24d-1 :	24mm Abstand d = diagonal 1-3 : Lage der Führungsnase	PLC

Die Anzahl der gebräuchlichen Sockelarten hat sich, insbesondere durch die zunehmende Anwendung der Kompakt-Leuchtstofflampen, erhöht.

Die Lampensockel und die entsprechenden Fassungen werden mit einem oder mehreren Buchstaben, denen eine Nummer folgt, bezeichnet. Diese Bezeichnungsart gibt präzise Aussagen über den Teil des Sockels, der für seine Austauschbarkeit in der Fassung wichtig ist. Der Buchstabe bzw. die Buchstaben kennzeichnen die Sockelkonstruktion in folgender Verschlüsselung: z. B. bedeutet B – Bajonettsockel, E – Schraubsockel, F – Sockel mit einem einzeln herausragenden Kontaktteil, G – Sockel mit zwei oder mehreren herausragenden Kontaktteilen.

Die Zahl nach dem Buchstaben bezeichnet den ungefähren Wert der wichtigsten Abmessung des Sockels in Millimeter. Zum Beispiel bedeutet B 15 – der Durchmesser der Hülse beträgt 15 mm, E 27 – der Außendurchmesser des Schraubgewindes ist 27 mm, G 23 – der Kontaktteilabstand ist 23 mm.

Ein kleiner Buchstabe nach der Zahl wie z. B. d bedeutet diagonale Anordnung der Stifte. Eine Zahl nach dem Bindestrich gibt Auskunft z. B. über Schlitze, Führungsnasen oder andere Elemente, die für den Sitz oder für die Unverwechselbarkeit wichtig sind.

5 Leuchten und Beleuchtungsberechnungen

Anforderungen an Leuchten 72
Aufschriften auf Leuchten 73
Schutzarten von Leuchten 74
Kennzeichnung von Leuchten mit besonderen Eigenschaften 75
Leuchtenkennzeichnung für Brandschutzverhalten, Montageart,
Ballwurfsicherheit... 76
Montagemöglichkeit für Leuchten mit Entladungslampen 77
Leuchtenwirkungsgrad – Betriebswirkungsgrad 78
Beleuchtungswirkungsgrad.. 79
Beleuchtungswirkungsgrad-Tabellen.................................. 80
Wirkungsgradformel 81
Anwendung der Wirkungsgradformel 82
Punktbeleuchtungsformel... 83

Anforderungen an Leuchten

Lichtverteilung ──────────▷ Beleuchtung
  ▷ Blendung vermeiden

Konstruktion ─────────▷ Wirkungsgrad
  ▷ Montage
  ▷ Wartung
  ▷ Material
  ▷ Wärmehaushalt
  ▷ Schutzart
  ▷ Schutzklasse

Aussehen ──────────▷ Form
  ▷ Farbe

Eine *Leuchte* soll die erforderlichen Lampen aufnehmen und elektrisch mit der Stromquelle verbinden, das Licht der eingesetzten Lampen lenken und verteilen, sich leicht installieren und warten lassen und ansprechend aussehen. Die *Lichtverteilung*, charakterisiert durch die Lichtverteilungskurve, bestimmt die Art der Beleuchtung, z. B. Indirekt-, Halbindirekt- oder Direktbeleuchtung. Die Lenkung des Lichtstromes der Lampen erfolgt im wesentlichen durch Spiegelelemente, Prismen oder Raster. Gleichzeit dienen die Lenkungselemente als Abschirmung der Lampen, um störende Blendung zu vermeiden. Von der Art der Konstruktion einer Leuchte hängt ihr Wirkungsgrad ab. Der Leuchtenwirkungsgrad gibt an, wieviel Prozent des in den Lampen erzeugten Lichtstromes aus einer Leuchte abgestrahlt wird. Wichtig ist der Wärmehaushalt einer Leuchte, da die Betriebstemperaturen von Lampen und Vorschaltgeräten in zulässigen Grenzen gehalten werden müssen. Die Schutzart einer Leuchte ist ein Kriterium für ihren Schutz vor äußeren Einflüssen, die Schutzklasse sagt aus, durch welche Maßnahme der Schutz gegen elektrischen Schlag sichergestellt ist. Form und Farbe der Leuchte bestimmen das Aussehen.

Aufschriften auf Leuchten

Symbol	Beschreibung
VDE	Überprüfung Sicherheit Betriebsverhalten durch VDE-Prüfstelle
GS	Überprüfung Sicherheit Betriebsverhalten durch VDE-Prüfstelle oder TÜV
(Funkschutz)	Überprüfung Begrenzung der Störstrahlung, Störspannung auf dem Netz durch VDE - Prüfstelle
IP	Schutzarten gegen Eindringen von Fremdkörpern und Feuchte

Schutzklassen Schutz gegen elektrischen Schlag
I   Schutzleiter
II ▯   Zusätzliche Isolierung - kein Schutzleiter
III ◇Ⅲ◇   Schutzkleinspannung max. 50 V

Leuchten sind elektrische Geräte mit denen auch Nichtfachleute in Berührung kommen. Die sicherheitstechnischen Anforderungen erstrecken sich deshalb auf die mechanische und elektrische Sicherheit der Leuchte. Die Überprüfung der Sicherheit erfolgt durch die VDE-Prüfstelle oder durch den TÜV. Die VDE-Prüfstelle prüft, unabhängig von der Sicherheitsprüfung, ob die im Funkschutzgesetz vorgeschriebene Störfreiheit eingehalten wird. Die verschiedenen Schutzarten gegen das Eindringen von Fremdkörpern und Feuchte (IP) werden auf der nächsten Seite behandelt. Wie jedes andere elektrische Gerät muß auch die Leuchte eine Schutzmaßnahme enthalten, die den Schutz gegen elektrischen Schlag sicherstellt. Nach der VDE 0710 „Vorschriften für Leuchten mit Betriebsspannungen unter 1000 Volt" werden die Leuchten in drei Schutzklassen eingeteilt, die in ihrer elektrischen Sicherheit gleichwertig nebeneinanderstehen. Es kann jedoch erforderlich sein, für bestimmte Zwecke die eine oder andere Schutzart zu bevorzugen. Die Schutzklasse I hat kein Symbol, die Leuchte ist zum Anschluß an einen Schutzleiter bestimmt. Leuchten der Schutzklasse II haben eine Schutzisolation, aber keinen Schutzleiteranschluß. Die Schutzklasse III kennzeichnet Leuchten, die an einer Schutzkleinspannung zu betreiben sind.

Schutzarten von Leuchten

	IEC 529	Schutzarten für el. Geräte	
	IEC 598 = VDE 0710 Leuchten		
	IP x y	(Ingress Protection)	

Schutz gegen	x Fremdkörper u. Berührung	y Feuchte	
0	ungeschützt	ungeschützt	
1	Fremdkörper >50 mm	Tropfwasser senkrecht	▲
2	>12 mm	Tropfwasser schräg	
3	>2,5 mm	Sprühwasser	▲
4	>1 mm	Spritzwasser	▲
5	staubgeschützt	Strahlwasser	▲▲
6	staubdicht	Überflutung	
7	—	Eintauchen	▲▲
8	—	Untertauchen	▲▲...m

Zur Aufrechterhaltung der Sicherheit werden Leuchten gegen das Eindringen von Fremdkörpern und Feuchte geschützt. Nach internationaler Vorschrift (IEC) werden die Leuchten nach *Schutzarten* (IP xy) eingeteilt. Die Buchstabenkombination „IP" heißt *I*ngress *P*rotection, das „x" steht für die erste Ziffer und sagt etwas aus über den Schutz vor dem Eindringen von Fremdkörpern, das „y" als zweite Ziffer kennzeichnet den Schutz vor dem Eindringen von Feuchtigkeit. Theoretisch sind alle „xy"-Kombinationen möglich. Als Alternative zu den Ziffernkombinationen können auch die verschiedenen abgebildeten Symbole verwendet werden. Die folgenden Beispiele zeigen Leuchten mit verschiedenen Schutzarten: Eine mit „IP 20" gekennzeichnete Leuchte kann eine Rasterleuchte sein, die gegen das Eindringen von Fremdkörpern größer 12 mm geschützt, aber gegen Feuchtigkeit vollkommen ungeschützt ist. Eine Feuchtraum-Wannenleuchte mit der Schutzart „IP 65" ist so geschlossen, daß kein Staub eindringt und ein Schutz vor Strahlwasser besteht.

Kennzeichnung von Leuchten mit besonderen Eigenschaften

(Ex)	VDE	Schutz gegen Explosion Funken und zu hohe Temperaturen
Ex II	EN	Prüfung durch PTB

(Sch)	VDE	Schutz gegen Schlagwetter
Ex I	EN	Prüfung durch BGV

$t_a \ldots °C$	max. zulässige Umgebungstemperatur

COOL BEAM (durchgestrichen)	"cool beam" Lampen nicht zugelassen

⊂---m	Mindestabstand zur angestrahlten Fläche

Für spezielle Anwendungsgebiete sind Leuchten mit besonderen Eigenschaften erforderlich. In explosionsgefährdeten Räumen, z. B. in der chemischen Industrie oder in Spritzlackierereien, müssen Leuchten verwendet werden, die sich bei in diesen Räumen evtl. auftretenden Gasen und Dämpfen, nicht entzünden. Die Ursachen für das Entzünden können zu hohe Temperaturen an Lampen oder Funkenbildung in den Leuchten sein. Diese Leuchten werden mit einem Ex-Symbol gekennzeichnet und von der Physikalisch Technischen Bundesanstalt (PTB) geprüft. Im Bergbau unter Tage sind schlagwettergeschützte Leuchten einzusetzen, die von der Bergwerkschaftlichen Versuchsstrecke (BGV) geprüft werden. Leuchten, die für von 25° C abweichende Umgebungstemperaturen gebaut werden, enthalten Angaben über die maximal zulässige Umgebungstemperatur. Wenn, auch meistens aus Temperaturgründen, bestimmte Lichtquellen in die Leuchten nicht eingesetzt werden dürfen, wird dieses mit Hilfe der durchkreuzten, nicht erlaubten Lampe symbolisiert. Da bei z. B. „cool beam"-Reflektorlampen der größte Anteil Wärme nach hinten abgeführt wird, sind diese Lampen nicht für alle Strahlerleuchten geeignet. Zur Verhütung zu hoher Erwärmung angestrahlter Objekte wird der Mindestabstand Leuchte zu angestrahlter Fläche auf der Leuchte angegeben.

Leuchtenkennzeichnung für Brandschutzverhalten, Montageart, Ballwurfsicherheit

▽F	Montage an Gebäudeteilen, entflammbar über 200°C
▽M	Montage an Möbeln, entflammbar über 200°C, Montagehinweis beachten
▽M ▽M	Montage an Möbeln, beliebiges Material, Montagehinweis beachten
▽F ▽F	Leuchten mit begrenzter Oberflächentemperatur (Staubentzündung) Montagehinweis beachten
☐⊗	vorgeschriebene Montage
☒⊗	nicht zugelassene Montage
⚽	ballwurfsicher nach VDE
"Nicht für Tennis"	bei Öffnungen >60 mm

Auf nicht brennbaren Baustoffen, wie z. B. Beton, können im Hinblick auf das Brandschutzverhalten praktisch alle Leuchten montiert werden. Bei der Montage von Leuchten auf entflammbaren Baustoffen müssen besondere Vorschriften beachtet werden. Leuchten für Entladungslampen mit einem ▽F-Zeichen dürfen montiert werden an Gebäudeteilen, deren Material entflammbar ist bei Temperaturen über 200° C. Leuchten mit dem ▽M-Zeichen können in Möbeln mit einer Entflammtemperatur über 200° C befestigt werden, wobei der Montagehinweis beachtet werden muß. Wenn das Entflammverhalten der Möbel nicht bekannt ist, müssen Leuchten mit dem ▽M ▽M-Zeichen, unter Beachtung des Montagehinweises verwendet werden. Bei ▽F ▽F-gekennzeichneten Leuchten ist die Oberflächentemperatur der Leuchte begrenzt. Hierdurch sollen z. B. Staubentzündungen auf den Leuchten vermieden werden. Die vorgeschriebene bzw. nicht geeignete Montageart wird durch das Leuchtensymbol in der jeweiligen Lage durchkreuzt bzw. nicht durchkreuzt dargestellt. Die Ballwurfsicherheit einer Leuchte wird durch einen Fußball symbolisiert. Leuchten mit einer Rastergitterweite >6 cm sind für Tennishallen nicht geeignet.

Montagemöglichkeit für Leuchten mit Entladungslampen

Montagefläche		Leuchte mit Kennzeichen				
entflammbar	Beispiel	ohne	▽F	▽M	▽▽M	▽M
nicht	Beton	x	x	x	x	
> 200 °C	Holz	nur mit Blechabdeckung und Abstand	▽F	▽M	x	
< 200 °C	Textilien				▽▽M	▽M

Die Übersicht zeigt die zugelassenen Montagemöglichkeiten von Leuchten mit Entladungslampen im Hinblick auf die Vermeidung von Bränden. Auf nichtentflammbaren Baustoffen, wie z. B. Beton, können alle Leuchten mit und ohne Kennzeichen befestigt werden. Bei der Verwendung von Baustoffen, die bei einer Temperatur über 200° C entflammbar sind, z. B. Holz, müssen Leuchten mit dem ▽F - oder ▽W-Zeichen montiert werden. Leuchten ohne Kennzeichnung hinsichtlich Brandschutz müssen mit einer Blechabdeckung und einem gewissen Abstand zur brennbaren Unterlage versehen sein. Auf Materialien, die bei Temperaturen unter 200° C entflammbar sind, wie z. B. Textilien, müssen ▽W ▽W -gekennzeichnete Leuchten oder nichtgekennzeichnete Leuchten mit Blechabdeckung und Abstand befestigt werden.

Leuchtenwirkungsgrad – Betriebswirkungsgrad

Lichtstrom der Lampe
Φ_{Lp} Neuwert

Lichtstrom aus der Leuchte
Φ_{LB} Betriebswert
abhängig von der Leuchtenart

Betriebswirkungsgrad der Leuchte

$$\eta_{LB} = \frac{\Phi_{LB}}{\Phi_{Lp}} \cdot 100\,\%$$

Beispiele:

Schienen-Leuchte
$\eta_{LB} = 97\,\%$

Spiegelraster-Leuchte
$\eta_{LB} = 75\,\%$

Entsprechend der Lichtausbeute bei den Lampen, die aussagt wieviel Lumen pro Watt erzeugt werden, gibt es bei den Leuchten den sogenannten *Leuchtenwirkungsgrad* η_L. Dieser sagt aus, wieviel Prozent des in der Leuchte erzeugten Lichtstroms der Lampen aus der Leuchte austritt; man sagt hierzu auch optischer Wirkungsgrad. Bei Entladungslampen, vor allem bei Leuchtstofflampen, ist der Lampenlichtstrom abhängig von der Umgebungstemperatur und Brennlage, darum muß der *Betriebswirkungsgrad* η_{LB} der Leuchte angegeben werden. Er bezieht sich auf die Gebrauchslage der Leuchte und deren Umgebungstemperatur. η_{LB} ist das Verhältnis des Lichtstromes, der bei der bestimmten Umgebungstemperatur austritt, wenn sich die Leuchte in Gebrauchslage befindet, zum Lichtstrom der Lampe, wie er in den Produktlisten der Hersteller angegeben ist. Bei einer einlampigen Schienenleuchte ist der Betriebswirkungsgrad sehr hoch, da kaum Licht abgeschirmt wird, bei einer blendungsarmen Spiegelrasterleuchte ist η_{LB} kleiner. Eine Aussage über die Höhe der Beleuchtungsstärke, z. B. auf der Arbeitsfläche, kann aus diesen Wirkungsgraden nicht abgeleitet werden.

Beleuchtungswirkungsgrad

abhängig von:

Leuchtenart
(η_{LB}, LVK)

Raumabmessungen
(Raumindex k)

Reflexionsgrade ϱ
(Decke, Wände, Boden)

Bei Standardanordnung

$$\eta_B = \frac{\Phi_{Nutz}}{\Phi_{Lp}} \cdot 100\%$$

Lichtstrom in der Nutzebene
―――――――――――――
Lichtstrom der Lampen

Beispiele:
Schienen-Leuchte 53% ⟵ η_B ⟶ Spiegelraster-Leuchte 64%

für k=1,5 ϱ_D=0,5 ϱ_W=0,5 ϱ_B=0,3

Zur Berechnung der für die Beleuchtung von Innenräumen erforderlichen Lampen, benötigt man den *Beleuchtungswirkungsgrad* η_B. Dieser gibt an, wieviel Prozent des in den Lampen erzeugten Lichtstromes auf die Nutzebene fällt, z. B. den Schreibtisch. Der Beleuchtungswirkungsgrad ist abhängig von der Leuchtenart, d. h. vom Betriebswirkungsgrad η_{LB} der Leuchte und von ihrer *Lichtverteilungskurve* (LVK). Eine stark nach unten gerichtete LVK bringt z. B. mehr Licht auf die Arbeitsfläche als eine nach allen Seiten abstrahlende Leuchte. Darüberhinaus wird η_B beeinflußt von den Raumproportionen, die durch den sogenannten *Raumindex k* berücksichtigt werden und durch die Reflexionsgrade der Oberflächen von Decke, Wänden und Boden. In kleinen Räumen fällt meist mehr Licht auf die Wände und von dort auf die Arbeitsfläche als in großen Räumen, d. h. η_B ist in kleinen Räumen niedriger. Das gleiche gilt für die Reflexionsgrade. Helle Räume haben höhere η_B als dunkle Räume. Für einen bestimmten Raum mit vorgegebenem Raumindex *k* und Reflexionsgraden hat eine Spiegelrasterleuchte einen wesentlich höheren η_B als eine Schienenleuchte.

Beleuchtungswirkungsgrad-Tabellen

LVK
— längs
— quer

Raum $a \cdot b = 5{,}5 \cdot 6 = 33\,m^2$
$h = 1{,}90\,m$

$$k = \frac{a \cdot b}{h(a+b)} \qquad k = \frac{5{,}5 \cdot 6}{1{,}90\,(5{,}5+6)} \approx 1{,}5$$

Beleuchtungswirkungsgrade η_B

k \ Reflexion ϱ	0,8 / 0,5 / 0,3	0,5 / 0,5 / 0,3	0,3 / 0,3 / 0,1	Decke / Wand / Boden
0,6	0,37		0,29	
1,5		⌈0,64⌉		
5	0,90		0,72	

Der zur Innenraumbeleuchtungsplanung erforderliche Beleuchtungswirkungsgrad wird üblicherweise in Tabellenform von den Leuchtenherstellern in deren technischen Unterlagen angegeben. Die Werte werden für jeden Leuchtentyp gesondert aufgeführt. Um den Beleuchtungswirkungsgrad zu ermitteln, muß zunächst der Raumindex k errechnet werden. Der Raumindex k berücksichtigt die Raumabmessungen, d. h. das Verhältnis der Raumfläche zur Raumhöhe; demnach haben große Räume große Raumindizes. Dann müssen die Reflexionsgrade, z. B. mit Hilfe von Reflexionsgradtabellen, ermittelt werden. Dunkle Wandfarben, wie z. B. dunkelrot oder dunkelblau, haben sehr niedrige, helle Raumfarben haben hohe Reflexionsgrade. Wände mit hohen Reflexionsgraden reflektieren das Licht besser auf die Nutzebene als dunkle Wände. Der oben aufgeführte Tabellenausschnitt aus einer technischen Dokumentation einer Spiegelrasterleuchte gibt z. B. den Wert 0,64 für den Beleuchtungswirkungsgrad an unter der Annahme $k = 1{,}5$ und $\varrho_{Decke} = 0{,}5$; $\varrho_{Wand} = 0{,}5$; $\varrho_{Boden} = 0{,}3$. Der Beleuchtungswirkungsgrad η_B dieser Spiegelrasterleuchte kann je nach Raumabmessungen (Raumindex k) und Reflexionsgraden schwanken zwischen 0,29 und 0,90.

Wirkungsgradformel

$$\Phi = \frac{1{,}25 \cdot E \cdot A}{\eta_B}$$

Φ = Lichtstrom der Lampen [Lumen]
1,25 = Planungsfaktor berücksichtigt Lichtstromrückgang und Schmutz
E = Nennbeleuchtungsstärke [Lux] nach DIN
A = Fläche des Raumes [m²]
η_B = Beleuchtungswirkungsgrad nach Leuchtenkatalog

η_B berücksichtigt: Leuchtenart
Raumproportionen
Reflexionsgrade

Mit Hilfe der Wirkungsgradformel kann bei der Planung einer Beleuchtungsanlage im Innenraum die Anzahl der erforderlichen Lampen berechnet werden. Die Anzahl der Lampen ergibt sich durch den ermittelten, benötigten Gesamtlichtstrom Φ, geteilt durch den Lichtstrom einer Lampe. Je höher die notwendige Beleuchtungsstärke E ist und je größer der zu beleuchtende Raum ist, desto höher ist der erforderliche Lichtstrom Φ. Den Wert für die Nennbeleuchtungsstärke E entnimmt man den DIN-Blättern bzw. der Arbeitsstätten-Richtlinie ASR 7/3. Das Produkt $E \cdot A$ wird durch den Beleuchtungswirkungsgrad η_B geteilt. Der Beleuchtungswirkungsgrad η_B berücksichtigt den Leuchtentyp, die Raumproportionen und die Reflexionsgrade der Raumbegrenzungsflächen. Je höher der η_B desto weniger Lampen werden für die Beleuchtung benötigt. Da im Laufe der Zeit der Lichtstrom der Lampen durch Alterung zurückgeht und auch eine Verschmutzung durch Staub auf den Lampen und Leuchten entsteht, wird dieser Rückgang der Beleuchtungsstärke mit einem *Planungsfaktor* von 1,25 berücksichtigt.

Anwendung der Wirkungsgradformel

Raum   Fläche $A = 5{,}5 \times 6 = 33\,m^2$
         Lichtpunkthöhe $h = 1{,}90\,m$
         Raumindex $k = 1{,}5$
         Reflexion $\varrho = 0{,}5/\,0{,}5/\,0{,}3$

Leuchte   Spiegelraster-Leuchte
         mit 1 Dreibanden-Leuchtstofflampe 58 W
         Beleuchtungswirkungsgrad $\eta_B = 0{,}64$
Lampenlichtstrom $\Phi_{Lp} = 5400\,lm$

DIN 5035 T2 fordert
         Nennbeleuchtungsstärke $E = 500\,lx$

Erforderlicher Lichtstrom

$\Phi = \dfrac{1{,}25 \times E \times A}{\eta_B}$ $\Phi = \dfrac{1{,}25 \times 500 \times 33}{0{,}64} = 32227\,lm$

Leuchtenzahl $\dfrac{\Phi}{\Phi_{Lp}} = \dfrac{32227}{5400} \approx 6$

gewählt 6 Leuchten

Die für die Beleuchtung eines kleinen Büroraumes erforderlichen Lampen und Leuchten werden mit der *Wirkungsgradformel* ermittelt. In der DIN 5035 „Innenraumbeleuchtung mit künstlichem Licht" Teil 2 und in der Arbeitsstätten-Richtlinie ASR 7/3 wird für normale Bürotätigkeiten eine Nennbeleuchtungsstärke E von 500 Lux gefordert. Der zu beleuchtende Büroraum hat eine Fläche von 33 m², der daraus errechnete Raumindex k liegt bei 1,5. Den Beleuchtungswirkungsgrad η_B für die ausgewählte einlampige Spiegelrasterleuchte entnimmt man den Beleuchtungsgradtabellen der Leuchtenhersteller. Im oben aufgeführten Beispiel beträgt der Wert für $\eta_B = 0{,}64$. Der Planungsfaktor 1,25 berücksichtigt Lichtstromrückgang der Lampen und Verschmutzung. Der für die Bürobeleuchtung berechnete Gesamtlichtstrom Φ wird geteilt durch den Lichtstrom einer Leuchtstofflampe. Im Beispiel wurde eine Dreibanden-Leuchtstofflampe 58 W mit 5400 Lumen gewählt. Hieraus ergibt sich die Anzahl der benötigten Lampen, und, da im Beispiel einlampige Leuchten verwendet werden, auch die Anzahl der erforderlichen Leuchten für die normgerechte Beleuchtung des Büros.

Punktbeleuchtungsformel

$$E_h = \frac{I}{h^2} \cdot \cos^3 \gamma$$

E_h = horizontale Beleuchtungsstärke
I = Lichtstärke
h = Lichtpunkthöhe
γ = Ausstrahlungswinkel

Will man an einem bestimmten Punkt unter einer Leuchte die horizontale Beleuchtungsstärke berechnen, benutzt man die sogenannte *Punktbeleuchtungsformel*. Da diese Formel nur für punktförmige Lichtquellen gilt, kann sie nicht in jedem Fall eingesetzt werden. Die Formel gilt noch, wenn der Abstand zur beleuchteten Fläche bei P größer ist als die 5-fache maximale Ausdehnung der Lichtquelle. Für Leuchten, z. B. Scheinwerfer mit stark gebündelter Lichtverteilung, muß der Abstand allerdings wesentlich größer sein, und zwar bis zu dem Zehnfachen der größten Ausdehnung der Leuchte. Die Lichtstärke I in Richtung Punkt P wird aus der Lichtverteilungskurve (LVK) der Leuchte entnommen. Meist werden die Lichtstärken I in den LVK für einen Lichtstrom von 1000 Lumen angegeben, dann müssen diese abgelesenen Werte mit dem tatsächlichen Lichtstrom multipliziert und durch 1000 geteilt werden. Der mit der Punktbeleuchtungsformel ermittelte Wert E_h ist die direkte Komponente der horizontalen Beleuchtungsstärke; der in Innenräumen entstehende Indirektanteil muß unter Umständen mit berücksichtigt werden.

6 Anforderungen an die Beleuchtung

Normen für die Beleuchtung 86
DIN 5035 „Innenraumbeleuchtung mit künstlichem Licht" 87
Arten der Beleuchtung. 88
Das Beleuchtungsniveau 89
Harmonische Helligkeitsverteilung im Raum 90
Begrenzung der Blendung. 91
Anwendung des Leuchtdichte-Grenzkurven-Verfahrens. 92
Begrenzung der Reflexblendung. 93
Lichtrichtung und Schattigkeit 94
Lichtfarbe 95
Farbwiedergabestufen nach DIN 96
Messen der Beleuchtungsstärke 97
Meßraster zur Messung der Beleuchtungsstärke. 98
Meßprotokoll 99
Kosten der Beleuchtungsanlage. 100
Arten der Notbeleuchtung 101
Lichttechnische Anforderungen an die Sicherheitsbeleuchtung. 102
Die sieben Gütegesichtspunkte guter Beleuchtung 103
Optimale Beleuchtungslösungen in der Innenraumbeleuchtung 104

Normen für die Beleuchtung

DIN 5035
Innenraum-Beleuchtung
Teil 1 bis 7
Arbeitsstätten-Richtlinien ASR 7/3

Beleuchtungsstärke ── Lux
Lichtfarbe ── ww, nw, tw
Farbwiedergabe ── Stufe 1 bis 4
Blendungsbegrenzung ── Güteklasse 1 bis 3

DIN 5044
Straßen-Beleuchtung
Teil 1 und 2

Leuchtdichte ── cd/m^2
Gleichmäßigkeit ── längs und gesamt
Blendungsbegrenzung ── Güteklasse 1 und 2

DIN 67526
Sportstätten-Beleuchtung
Teil 1 bis 4

Beleuchtungsstärke ── Lux
Gleichmäßigkeit ── $E_{min} : E_{mittel}$
Lampenart ── z.B. Leuchtstofflampe
Hochdruck-Entladungslampe

Die Basis für die Planung von Beleuchtungsanlagen sind die DIN-Normen. Für die drei wichtigsten Anwendungsgebiete, Innenräume aller Art, Straßen und Sportstätten gibt es jeweils *Normblätter*, in denen quantitative und qualitative Anforderungen an die Güte der Beleuchtungsanlage festgelegt wurden. Entsprechend der Vielfalt der Anwendungsgebiete sind die Normen in mehrere Teile gegliedert. Für die Beleuchtung von Arbeitsstätten gilt die Arbeitsstätten-Richtlinie ASR 7/3, die identisch ist mit der DIN 5035 „Innenraumbeleuchtung mit künstlichem Licht" Teil 2. Die Arbeitsstätten-Richtlinien haben Gesetzeskraft, während die Normen im allgemeinen nur empfehlenden Charakter besitzen, aber z. B. bei Streitfällen als Stand der Technik herangezogen werden. Die Normen für die Beleuchtung werden von unterschiedlich zusammengesetzten Gremien erarbeitet. Hierzu zählen unter anderem neben den wissenschaftlichen Mitarbeitern der lichttechnischen Institute, Vertreter der Lampen- und Leuchtenindustrie, der Architekten und Planer, der Elektrizitätswerke und der Anwender. Die Normen werden durch Neuausgaben dem jeweiligen Stand der Technik angepaßt.

DIN 5035
„Innenraumbeleuchtung mit künstlichem Licht"

Teil 1	▸ Begriffe	'90
2	▸ Arbeitsstätten	'90
3	▸ Krankenhäuser	'88
4	▸ Unterrichtsräume	'83
5	▸ Notbeleuchtung	'87
6	▸ Messungen	'90
7	▸ Bildschirme	'88

Die große Vielfalt der *Innenraumbeleuchtung* machte es erforderlich, daß insgesamt 7 Teile herausgegeben wurden. Der Teil 1 „Begriffe und allgemeine Anforderungen" gilt als übergeordnetes Normblatt für alle anderen Teile. Es enthält Aussagen über die lichttechnischen Größen und Einheiten, die Beleuchtungsarten, die Gütegesichtspunkte der Beleuchtung, die Planung und das Instandhalten von Beleuchtungsanlagen. Zahlenmäßige Angaben über die jeweilige Höhe der Nennbeleuchtungsstärke, der erforderlichen Lichtfarbe und Farbwiedergabeeigenschaft der Lampen und über die Güteklasse der Blendungsbegrenzung werden in den Teilen 2 - Arbeitsstätten, 3 - Krankenhäuser, 4 - Unterrichtsräume gemacht. Die erforderlichen Beleuchtungsstärken bei der Notbeleuchtung sind im Teil 5 aufgeführt. Gemeinsam für alle Teile wird im Teil 6 etwas über die Meßbedingungen ausgesagt und der Teil 7 beschäftigt sich mit der speziellen Problematik der Beleuchtung von Räumen mit Bildschirmgeräten.

Arten der Beleuchtung

Allgemeinbeleuchtung

Arbeitsplatzorientierte Allgemeinbeleuchtung

Einzelplatzbeleuchtung

Bei der Wahl des Beleuchtungssystems ist von der Art des zu beleuchtenden Raumes und der dort durchzuführenden Sehaufgabe auszugehen. In der DIN 5035 werden drei Beleuchtungsarten unterschieden und zwar die *Allgemeinbeleuchtung*, die *arbeitsplatzorientierte* Allgemeinbeleuchtung und die *Einzelplatzbeleuchtung*. Eine Allgemeinbeleuchtung im Raum wird erzeugt durch regelmäßig über die Deckenflächen verteilte Leuchten. Sie ist in Arbeitsräumen mit nicht festgelegten Arbeitsplätzen erforderlich, wenn an allen Arbeitsstellen gleich gute Sehbedingungen geschaffen werden sollen. Um eine zu monotone Wirkung zu vermeiden, kann es zweckmäßig sein, die Allgemeinbeleuchtung durch gerichtetes Licht zu ergänzen. Wenn eine feste Zuordnung zwischen Leuchte und bestimmten Arbeitsplätzen besteht, spricht man von der arbeitsplatzorientierten Allgemeinbeleuchtung. Die Beleuchtung einzelner Arbeitsplätze, zusätzlich zur Allgemeinbeleuchtung, ist zu empfehlen, wenn bei besonderen Arbeiten sehr schwierige Sehverhältnisse vorliegen, zum Erkennen von Formen oder Strukturen Licht erforderlich ist, das aus einer bestimmten Richtung kommt, die Allgemeinbeleuchtung durch Hindernisse abgeschirmt wird und, wenn mehr als 1000 Lux Nennbeleuchtungsstärke gefordert wird.

Das Beleuchtungsniveau

125 % – Planungswert

100 % – Nennbeleuchtungsstärke = örtlicher und zeitl. Mittelwert im eingerichteten Raum

80 % – Minimaler Mittelwert

60 % – Minimalwert am Arbeitsplatz

Das *Beleuchtungsniveau* wird im wesentlichen durch die Beleuchtungsstärke bestimmt. Es wird beeinflußt von den Reflexionseigenschaften der Raumbegrenzungsflächen – Wände, Decke, Fußboden – und von den Einrichtungsgegenständen. Die Sehleistung ist direkt abhängig vom Beleuchtungsniveau, das mit dem Begriff der Nennbeleuchtungsstärke im Normblatt DIN 5035 beschrieben wird. Die Nennbeleuchtungsstärke ist die mittlere Beleuchtungsstärke im eingerichteten Raum, bezogen auf einen mittleren Alterungszustand der Anlage. Dabei wird vorausgesetzt, daß die Sehleistung nicht durch Störeinflüsse wie Direktblendung, Reflexblendung und Kontrastminderung, ungeeigneter Lichtfarbe und Farbwiedergabe beeinträchtigt wird. Durch Alterung und Verschmutzung der Lampen und Leuchten verringert sich im Laufe der Zeit die Höhe der Beleuchtungsstärke. Nach DIN 5035 muß die Beleuchtungsanlage gewartet werden, wenn die mittlere Beleuchtungsstärke an den Arbeitsplätzen 80 % oder die Beleuchtungsstärke an dem beleuchtungstechnisch ungünstigsten Arbeitsplatz 60 % der Nennbeleuchtungsstärke unterschreitet. Um die Alterung und Verschmutzung schon bei der Planung zu berücksichtigen, sollte man die Nennbeleuchtungsstärke mit einem Planungsfaktor von 1,25 multiplizieren.

Harmonische Helligkeitsverteilung im Raum

Die Beleuchtungsstärke ist kein Kriterium für eine harmonische, ausgewogene Verteilung der Leuchtdichten der Raumoberflächen. Diese hängt ab von der Beleuchtungsart, den Reflexionsgraden und der Farbe ausgedehnter Flächen im Gesichtsfeld. Hierbei sollte man beachten, daß die Reflexionsgrade der näheren Umgebung des Arbeitsgutes so gewählt werden, daß sich zwischen dem Arbeitsfeld und dem Umfeld keine größeren Leuchtdichteverhältnisse als etwa 3 : 1 ergeben. Hierdurch erscheint das Arbeitsgut heller als die Umgebung, so daß die Aufmerksamkeit mehr auf das Arbeitsfeld konzentriert wird. Für die Oberfläche von Arbeitstischen sind Reflexionsgrade 0,2 bis 0,5 empfehlenswert. Grundsätzlich sollte man größere Leuchtdichteverhältnisse als etwa 10 : 1 zwischen Arbeitsfläche und weiter entfernten Flächen vermeiden. Andererseits ergeben jedoch zu geringe Leuchtdichte- und Farbunterschiede meist einen zu monotonen Raumeindruck.

Begrenzung der Blendung

Direktblendung abhängig von:

○ Leuchtenart

○ Anordnung der Leuchten zur Blickrichtung

○ Beleuchtungsstärke

Kritischer Bereich des Ausstrahlungswinkels

Parallel　　　　　Quer
zur Blickrichtung

Es werden zwei Arten von *Blendung* unterschieden, die physiologische Blendung, die eine Herabsetzung der Sehleistung zur Folge hat und die psychologische Blendung, die vor allem bei längerem Aufenthalt im Raum ein unangenehmes Gefühl erzeugen, das Wohlbefinden herabsetzen und die Leistung vermindern kann. Die physiologische Blendung, die z. B. auftritt, wenn man in einen Scheinwerfer direkt hineinschaut, gibt es in der Innenraumbeleuchtung praktisch nicht. Hier spielt nur die psychologische Blendung eine Rolle. Diese ist in der Norm DIN 5035 als Direktblendung gekennzeichnet und läßt sich bereits bei der Planung mit Hilfe des *Leuchtdichte-Grenzkurvenverfahrens* ermitteln. Direktblendung ist abhängig von der Leuchtdichte und Größe der gesehenen leuchtenden Flächen aller im Blickfeld befindlichen Leuchten, ihrer Anordnung zur Blickrichtung sowie der Beleuchtungsstärke. Die Direktblendung gilt als begrenzt, wenn die mittlere Leuchtdichte der Leuchten in dem für die Blendung kritischen Winkelbereich von 45° bis 85° die Werte der Leuchtdichte-Grenzkurven nicht überschreiten. Die Leuchtdichte-Grenzkurven findet man in der Norm DIN 5035 Teil 1, die Leuchtdichtewerte der Leuchten in den technischen Dokumentationen der Leuchtenhersteller in Kurvenform oder in Tabellen.

Anwendung des Leuchtdichte-Grenzkurven-Verfahrens

Güteklasse	Gültig für Nennbeleuchtungsstärke (lx)							
A	1000	750	500		< 300			
1	2000	1500	1000	750	500	<300		
2			2000	1000	750	500	<300	
3				2000	1000		500	<300

– – – Leuchtdichtekurve der Leuchte

▨ zulässig für 1000 lx und Güteklasse 1

In der Norm DIN 5035 Teil 1 sind zwei Leuchtdichte-Grenzkurven Darstellungen enthalten. Die eine gilt für langgestreckte Leuchten, die parallel zur Blickrichtung angeordnet sind und für Leuchten ohne leuchtende Seitenteile (Tabelle A), die andere für Leuchten mit leuchtenden Seitenteilen, die quer zur Blickrichtung angeordnet sind (Tabelle B). Beleuchtungsanlagen mit sehr hohen Anforderungen an die Blendungsbegrenzung gehören zur Güteklasse A. Güteklasse 1 gilt für Anlagen, in denen hohe Anforderungen an die Begrenzung der Direktblendung gestellt werden, entsprechend gilt Güteklasse 2 für mittlere und Güteklasse 3 für geringe Anforderungen an die Blendungsbegrenzung. Zur Ermittlung, ob eine Beleuchtungsanlage blendet, wird die aus der Leuchtendokumentation entnommene Leuchtdichtekurve der verwendeten Leuchte eingetragen (gestrichelte Linie). In diesem Beispiel gelten die Leuchtdichte-Grenzkurven für Leuchten ohne leuchtende Seitenteile.

Der schraffierte Bereich ist zulässig für 1000 lx und Güteklasse 1, d. h. die verwendete Leuchte ist hierbei uneingeschränkt für alle Raumabmessungen einsetzbar.

Begrenzung der Reflexblendung

Das Erkennen eines Sehobjektes setzt voraus, daß Leuchtdichteunterschiede, d. h. Kontraste vorhanden sind. Wir können die Seiten eines Buches nur dann lesen, wenn zwischen den Buchstaben und dem unbedruckten Papier ein Kontrast besteht. Wenn sich Lichtquellen in Objekten mit glänzenden Oberflächen spiegeln, können Reflexe auftreten, die zu einer Kontrastminderung führen. Der Grad der Kontrastminderung wird mit dem *Kontrastwiedergabefaktor* beschrieben. Sind die Glanzerscheinungen so hell, daß sie direkt stören, spricht man von einer *Reflexblendung*. Kontrastminderung und Reflexblendung können durch verschiedene Maßnahmen verringert werden. Wichtig ist die richtige Anordnung von Leuchten und Arbeitsplatz. Es ist falsch, wenn das Licht aus der „verbotenen Zone" z. B. auf einen Schreibtisch fällt. Richtig ist es, wenn das Licht von der Seite oder schräg von hinten auf den Arbeitsplatz scheint. Eine Verringerung der Reflexblendung läßt sich auch erreichen, wenn die Oberflächen, in denen sich die Leuchten spiegeln können, matt sind. Dieses gilt besonders für Oberflächen von Arbeitsplätzen, Papier, Tasten von Schreibmaschinen und Bildschirmgeräten.

Lichtrichtung und Schattigkeit

Das Erkennen der Körperlichkeit und der Oberflächenbeschaffenheit eines Gegenstandes wird durch die *Schattenbildung* unterstützt. Die Beleuchtung soll deshalb nicht zu schattenarm sein, weil dieses meistens als unangenehm empfunden wird und zu einer ermüdenden Monotonie führt. Ebenfalls zu vermeiden sind zu tiefe Schatten mit harten Schattenrändern. Eine indirekte Beleuchtung gibt im allgemeinen eine zu schattenarme Beleuchtung, die das körperliche Sehen erschwert. Zu tiefe Schatten entstehen durch Einzelleuchten mit engem Lichtbündel. Zusätzliche Leuchten aus anderen Richtungen können die Schatten aufhellen und damit die Erkennbarkeit des Objektes verbessern. Leuchten mit Leuchtstofflampen in Lichtbandanordnung bewirken weiche Schatten. Bei bestimmten Sehaufgaben, z. B. in der Industrie bei der Oberflächenprüfung, ist gerichtetes Licht mit einer ausgeprägten Schattigkeit erwünscht.

Lichtfarbe

Lichtfarbe	Farbtemperatur	Lampen
Tageslichtweiß tw	Kelvin	Leuchtstofflampen tw
	–––5000 K–––	
Neutralweiß nw		Leuchtstofflampen nw Hochdruck-Quecksilberdampf-Lampen
	–––3300 K–––	
Warmweiß ww		Leuchtstofflampen ww Glühlampen
absoluter Nullpunkt	0 K	

Die Farbeigenschaften von Lichtquellen werden durch zwei Kriterien gekennzeichnet und zwar durch ihre *Lichtfarbe* und durch ihre Farbwiedergabeeigenschaft. Licht von Lampen mit gleicher Lichtfarbe kann eine völlig unterschiedliche spektrale Zusammensetzung aufweisen und deshalb auch eine ganz verschiedene Farbwiedergabe bewirken. Es ist deshalb unmöglich, aus der Lichtfarbe einer Lampe irgendwelche Rückschlüsse auf ihre Farbwiedergabe zu ziehen. Alle Lampen, mit Ausnahme der farbigen Lampen mit einer ähnlichsten Farbtemperatur über 5000 K gehören zur Gruppe der tageslichtweißen Lichtquellen, wie z. B. die tageslichtweißen Leuchtstofflampen. Hochdruck-Quecksilberdampflampen und Leuchtstofflampen „Weiß" gehören in die Gruppe der Lampen mit neutralweißer Lichtfarbe mit einer ähnlichsten Farbtemperatur im Bereich von 3300 K bis 5000 K. Zu den Lampen mit warmweißen Lichtfarben, deren ähnlichste Farbtemperatur unter 3300 K liegt, zählen z. B. die Glühlampen und Leuchtstofflampen „Warmton". Die für bestimmte Tätigkeiten empfohlenen Lichtfarben sind in DIN 5035 Teil 2 aufgeführt.

Farbwiedergabestufen nach DIN

Farbwiedergabe				Lampenbeispiele
bisher		neu		
STUFE	R_a	STUFE	R_a	
1	≥ 85	1 A	≥ 90	Glühlampen „De Luxe" Leuchtstofflampen
2	70..84	1 B	80..89	Dreibanden-Leuchtstofflampen SDW-T
		2 A	70..79	Leuchtstofflampen (25)
3	40..69	2 B	60..69	Halogen-Metalldampflampen Leuchtstofflampen (33)
		3	40..59	Leuchtstofflampen (29) Hochdruck-Quecksilberdampflampen
4	> 40	4	20..39	Hochdruck-Natriumdampflampen
				Niederdruck-Natriumdampflampen

Zur Bewertung der Farbwiedergabeeigenschaft von Lampen dient der allgemeine Farbwiedergabeindex R_a, der von einem Satz von acht Testfarben aus unserer täglichen Umwelt abgeleitet ist. Der theoretische Maximalwert des allgemeinen Farbwiedergabeindex beträgt 100. Je niedriger der Farbwiedergabeindex, desto schlechter ist die Farbwiedergabeeigenschaft der Lampe. Für die praktische Anwendung sind die Farbwiedergabeindizes in Stufen eingeteilt. In der DIN 5035 Teil 1/Okt. 79 wurden die Farbwiedergabeindizes in vier Stufen eingeteilt. Eine differenziertere Stufung, die auch den Stufen der CIE (Internationale Beleuchtungskommission) angepaßt ist, enthält die Änderung der DIN 5035 Teil 1. Hierin sind sechs Stufen angegeben. Lampen der Stufe 1A werden dort eingesetzt, wo es auf eine möglichst naturgetreue Farbwiedergabe ankommt, z. B. im grafischen Gewerbe, in Museen, Textil- und Lederwarenverkaufsräumen. Lampen der Stufen 1B und 2A haben noch gute Farbwiedergabeeigenschaften. Lampen der Stufe 3 sind bei gröberen Industriearbeiten, bei denen es nicht auf die Farbwiedergabe ankommt, einzusetzen. Lampen der Farbwiedergabestufe 4 sind in Innenräumen nicht zulässig mit Ausnahme der Hochdruck-Natriumdampflampen (Ra 20) in bestimmten Anwendungsfällen. Die für die verschiedenen Raumarten und Tätigkeiten erforderlichen Farbwiedergabeeigenschaften der Lampen sind entsprechend der Stufeneinteilung in der DIN 5035 angegeben.

Messen der Beleuchtungsstärke

Im Teil 6 der Norm DIN 5035 ist aufgeführt, was für die Messung und Bewertung einer Innenraumbeleuchtungsanlage wichtig ist. Für die Messung der Beleuchtungsstärke sollten *Luxmeter* der Klasse B verwendet werden, diese sind für Betriebsmessungen geeignet, deren Fehlergrenze bei $\pm 10\,\%$ liegt. Für nur orientierende Messungen können auch Geräte der Klasse C mit $\pm 20\,\%$ Fehlergrenze eingesetzt werden. Bei den Messungen sollte das Tageslicht ausgeschaltet sein. Wenn nicht bei Dunkelheit gemessen werden kann, müssen die Fenster und Oberlichter lichtdicht abgedeckt sein. Der Reflexionsgrad der Abdeckung soll dem der Verglasung (etwa 10 %) entsprechen. Bei nicht abgedeckten Fenstern muß die Beleuchtungsstärke bei eingeschalteter Beleuchtung und unmittelbar danach bei ausgeschalteter Anlage gemessen werden. Die Differenz der Meßwerte entspricht dann der Beleuchtungsstärke der künstlichen Beleuchtung. In Beleuchtungsanlagen mit Leuchtstofflampen und anderen Entladungslampen sollen die Lampen mindestens 100 Stunden, bei Anlagen mit Glühlampen mindestens 10 Stunden, gealtert sein.

Meßraster zur Messung der Beleuchtungsstärke

Rasterfelder a und b ca. 1–2 m bei Lichtpunkthöhe bis 5 m

Beispiel einer Beleuchtungsstärkemessung

mittlere Beleuchtungsstärke

$$E_m = \frac{572 + 591 + \ldots 468}{24} = \ldots \text{Lux}$$

Isoluxlinien

Zur Messung der Beleuchtungsstärke wird die Grundfläche des Raumes in möglichst quadratische Felder eingeteilt (siehe oben). Gemessen wird die Beleuchtungsstärke im Mittelpunkt der Teilmeßfläche. Das Rastermaß der Meßpunkte sollte dabei möglichst nicht mit dem Rastermaß der Leuchtenanordnung in Längs- und Querrichtung übereinstimmen. Während in normal hohen Räumen Rasterabstände von 1 bis 2 m üblich sind, werden in hohen Hallen über 5 m Höhe größere Abstände, bis zu 5 m, gewählt. Die übliche Meßhöhe beträgt 0,85 über dem Fußboden. Bei Verkehrswegen ist die Beleuchtungsstärke maximal 0,2 m über dem Boden zu messen. In eingerichteten Räumen mit hohen Aufbauten sind die Beleuchtungsstärken in einzelnen Raumzonen zu messen. Zur Ermittlung der mittleren Beleuchtungsstärke E sind die einzelnen Meßwerte zu addieren und durch die Anzahl der Meßpunkte zu teilen. Verbindet man die Meßpunkte gleicher Beleuchtungsstärke miteinander, erhält man eine grafische Darstellung mit Isolux-Linien. Die Meßwerte der Beleuchtungsstärke sind unter Umständen auf die Betriebsspannung des Netzes umzurechnen.

Meßprotokoll

- [ ] Bezeichnung des Meßortes
- [ ] Name der Meßperson
- [ ] Zeitpunkt
- [ ] Meßgeräte
- [ ] Grundriß
- [ ] Raumabmessungen
- [ ] Lampen, Leuchten, Anordnung
- [ ] Meßergebnisse
- [ ] Netzspannung
- [ ] Temperaturen
- [ ] Besonderheiten
- [ ] Vergleich mit Vorschriften
- [ ] Datum, Unterschrift

Für einen Vergleich verschiedener Beleuchtungsanlagen, bei der Überprüfung bestehender Anlagen und bei der Nachprüfung der beleuchtungstechnischen Projektierung ist ein *Meßprotokoll* zu erstellen. Dieses muß die Bezeichnung des Gebäudes und des Raumes, in dem die Messung durchgeführt wurde, Namen und Anschrift der Meßperson sowie den Zeitpunkt der Messung enthalten. Darüberhinaus sind Angaben zu machen über die Art des Meßgerätes, den Grundriß mit dem Meßraster, die installierten Lampen und Leuchten und deren Anordnung sowie über die Meßergebnisse. Wichtig sind ebenfalls Aussagen über die bei der Messung vorhandene Netzspannung, über die Temperatur und über eventuell vorhandene Besonderheiten, die während der Messung aufgetreten sind. Schließlich sollten die Meßergebnisse verglichen werden mit den Forderungen für den jeweiligen Raum bzw. der Art der Tätigkeit nach DIN 5035 oder der Arbeitsstätten-Richtlinie ASR 7/3 „Künstliche Beleuchtung".

Kosten der Beleuchtungsanlage

$$K = n_1 \cdot \left[\frac{\frac{k_1}{100} \cdot K_1 + \frac{k_2}{100} \cdot K_2}{n_2} + t_B \cdot a \cdot P + t_B \cdot \frac{K_3}{t_L} + \left(t_B \cdot \frac{K_4}{t_L} + \frac{R}{n_2} \right) \right]$$

Die jährlichen Gesamtkosten setzen sich aus den Kapitalkosten und den Betriebskosten zusammen. In der Formel bedeuten:

- K Jährliche Gesamtkosten
- K_1 Kosten einer Leuchte
- k_1 Kapitaldienst für K_1 (Verzinsung und Abschreibung) in %
- K_2 Kosten für Installationsmaterial und Montage je Leuchte
- k_2 Kapitaldienst für K_2 (Verzinsung und Abschreibung) in %
- R Reinigungskosten je Leuchte und Jahr
- n_1 Anzahl aller Lampen
- n_2 Anzahl der Lampen je Leuchte
- K_3 Preis einer Lampe
- K_4 Kosten für das Auswechseln einer Lampe
- P Leistungsaufnahme einer Lampe einschließlich Vorschaltgerät in kW
- a Kosten der elektrischen Energie je kWh, einschließlich der anteiligen Bereitstellungskosten (Grundpreis)
- t_L Nutzlebensdauer der Lampe in Stunden
- t_B Jährliche Benutzungsdauer in Stunden

Zum Vergleich verschiedener Beleuchtungsanlagen sollte die Formel nur verwendet werden, wenn gleiche Beleuchtungsgüte vorausgesetzt werden kann.

Arten der Notbeleuchtung

```
                    ┌─────────────────────┐
                    │   Notbeleuchtung    │
                    └──────────┬──────────┘
              ┌────────────────┴────────────────┐
              ▼                                 ▼
    ┌──────────────────────┐          ┌──────────────────┐
    │ Sicherheitsbeleuchtung│         │ Ersatzbeleuchtung │
    └──────┬───────┬───────┘          └────────┬─────────┘
           ▼       ▼                           ▼
   für Rettungs-   für Arbeits-
   wege            plätze mit
                   besonderer
                   Gefährdung
```

ArbStätt V 7/4
ASR 7/4
DIN 5035 Teil 5
DIN 57108/VDE 0108

DIN 5035 Teil 5

Unter dem Begriff *Notbeleuchtung* versteht man eine Beleuchtung, die bei Störung der Stromversorgung der allgemeinen künstlichen Beleuchtung rechtzeitig wirksam wird. Es werden grundsätzlich zwei Arten der Notbeleuchtung nach DIN 5035 Teil 5 unterschieden und zwar die Sicherheitsbeleuchtung und die Ersatzbeleuchtung.

Die Sicherheitsbeleuchtung für Rettungswege ist eine Beleuchtung, die diese während der betriebserforderlichen Zeit mit einer vorgeschriebenen Mindestbeleuchtungsstärke beleuchtet, um das gefahrlose Verlassen der Räume zu ermöglichen; darüberhinaus müssen die Rettungswege gekennzeichnet werden. Die Sicherheitsbeleuchtung für Arbeitsplätze mit besonderer Gefährdung ist eine Beleuchtung, die das gefahrlose Beenden notwendiger Tätigkeiten und das Verlassen des Arbeitsplatzes ermöglicht.

Die Ersatzbeleuchtung ist eine Notbeleuchtung, die für die Weiterführung des Betriebes über einen begrenzten Zeitraum ersatzweise die Aufgabe der allgemeinen künstlichen Beleuchtung übernimmt.

Lichttechnische Anforderungen an die Sicherheitsbeleuchtung

Eine ausreichende Beleuchtung der *Rettungswege* ist dann gewährleistet, wenn die Mindestbeleuchtungsstärke in der Achse der Rettungswege 0,2 m über dem Fußboden, 1 Lux beträgt. Die Gleichmäßigkeit der Beleuchtungsstärke, ausgedrückt durch das Verhältnis Mindestbeleuchtungsstärke zur maximalen Beleuchtungsstärke sollte 1 : 40 nicht unterschreiten. Um eine Beeinträchtigung der Sehleistung durch Blendung zu vermeiden, sind in der DIN 5035 Teil 5 maximale Lichtstärken der Leuchten angegeben. Die Einschaltverzögerung in Arbeitsstätten, Hochhäusern und Großgaragen darf 15 Sekunden nicht überschreiten. Die maximale Einschaltverzögerung in Versammlungsstätten und Warenhäusern beträgt 1 Sekunde. Die *Sicherheitsbeleuchtung* sollte 1 bzw. 3 Stunden eingeschaltet bleiben können. Die Beleuchtungsstärke der Sicherheitsbeleuchtung für Arbeitsplätze mit besonderer Gefährdung muß 10 % der normalerweise erforderlichen Nennbeleuchtungsstärke, mindestens jedoch 15 Lux betragen. Sicherheitsfarben müssen als solche erkennbar bleiben und die Einschaltverzögerung darf höchstens 0,5 Sekunden dauern. Die Betriebsdauer sollte solange sein, wie die Gefährdung andauert, mindestens 1 Minute.

Die sieben Gütegesichtspunkte guter Beleuchtung

Gegenüber früheren Jahren sind heute Funktionalität, Wirtschaftlichkeit und architektonische Wirkung gleichbedeutend; oft geht sogar die gestalterische Komponente vor. Je nach Raumart und Tätigkeit werden unterschiedliche Anforderungen an eine optimale Beleuchtung gestellt: Sehleistung, Sehkomfort, visuelles Ambiente können einzeln oder gemeinsam mit unterschiedlichen Anteilen auftreten. *Sehleistung* heißt wie genau und wie schnell etwas erkannt wird, *Sehkomfort* bedeutet Sehen unter angenehmen Bedingungen und das *visuelle Ambiente* ist das Erleben der gesamten Raumwirkung. Jedes dieser drei Merkmale wird durch die sieben Gütegesichtspunkte guter Beleuchtung beeinflußt.

Das *Beleuchtungsniveau* entspricht der Helligkeit. Die *Blendungsbegrenzung* vermeidet Störungen beim Sehen. Die *harmonische Helligkeitsverteilung* gewährleistet ein ausgewogenes Verhältnis der Leuchtdichten. Die *Farbwiedergabe* wird durch die spektrale Zusammensetzung der Lichtquellen, das farbliche Aussehen einer Lampe durch die *Lichtfarbe* bestimmt. Das Erkennen der Körperlichkeit und Oberflächenbeschaffenheit eines Gegenstandes wird durch die *Lichtrichtung* und *Schattenbildung* unterstützt. Die Sehleistung wird durch das Beleuchtungsniveau und die Güteklasse der Blendungsbegrenzung, der Sehkomfort durch die Helligkeitsverteilung sowie die Farbwiedergabe und das visuelle Ambiente durch die Lichtfarbe der Lampen sowie die Verteilung von Licht und Schatten beeinflußt.

Optimale Beleuchtungslösungen in der Innenraumbeleuchtung

Sehleistung
- Beleuchtungsniveau
- Blendungsbegrenzung

Visuelles Ambiente
-Lichtfarbe
-Lichtrichtung
-Schattigkeit

Sehkomfort
-Farbwiedergabe
-Harmonische Helligkeitsverteilung

Sehleistung und Sehkomfort werden in den DIN-Beleuchtungsnormen behandelt. Für das visuelle Ambiente kommen gestalterische Elemente hinzu, wie z. B. Anstrahlung von Bildern, Skulpturen und Pflanzengruppen, Betonung von Bauformen, Zusammenwirken von Tageslicht und Beleuchtung, Führung durch Licht und Anpassung der Leuchten an die Stilrichtung.

Das Prioritätendreieck enthält sieben Zonen, denen sich je nach Raumart und Tätigkeit alle Situationen zuordnen lassen. Zone 1 enthält Räume und Tätigkeiten mit hoher Sehleistung, z. B. Konstruktionsbüros, Bildschirm- und Kassenarbeitsplätze. Hoher Sehkomfort – Zone 2 – wird z. B. in Konferenzräumen und Wartezimmern benötigt. Zone 3 beinhaltet z. B. Empfangsräume, Foyers, repräsentative Räume, Theater, Boutiquen. Sehleistung und Sehkomfort – Zone 4 – wird bei Büroräumen, Supermärkten, Krankenzimmern, Sporthallen gefordert. Zone 5 enthält z. B. Verkaufsräume, Restaurants, Wohnräume und Zone 6 z. B. Bankschalter und Juweliere. Situationen, wo alle drei Kriterien etwa gleiche Bedeutung haben, wie z. B. in Chefsekretariaten und Museen, findet man in der Zone 7. Mit Hilfe des Prioritätendreiecks läßt sich die Situation eindeutig definieren, um eine optimale Beleuchtungslösung zu planen. Eine moderne, elektronisch gesteuerte Beleuchtungsanlage unterstützt hierbei die Flexibilität.

7 Beleuchtung von Büro- und Unterrichtsräumen

Anforderungen an die Bürobeleuchtung.............................. 106
Bürobeleuchtung.. 107
Beleuchtung von Räumen mit Zeichenbrettern 108
Beleuchtungsstärke in Räumen mit Bildschirmarbeitsplätzen 109
Leuchtdichteverteilung in Räumen mit Bildschirmarbeitsplätzen 110
Vermeidung von Reflexblendung in Räumen mit Bildschirmarbeitsplätzen... 111
Anforderungen an die Beleuchtung von Unterrichtsstätten 112
Beleuchtung von Unterrichtsräumen................................ 113
Tageslicht in Räumen... 114

Anforderungen an die Bürobeleuchtung

Raum / Tätigkeit	Nennbeleuchtungsstärke (Lux)
Sitzungszimmer	300
Büro, Arbeitsplatz am Fenster normal	300 500
Techn. Zeichnen (Höhe 1,20 m Neigung 75°)	750
Großraumbüro hell dunkel	750 1000
Lichtfarbe	ww, nw
Farbwiedergabestufe	2
Güteklasse der Blendungsbegrenzung	1

Angaben über die erforderlichen Werte der Nennbeleuchtungsstärke, Lichtfarbe und Farbwiedergabeeigenschaft sowie der Güteklasse der Blendungsbegrenzung sind in der Norm DIN 5035 Teil 2 enthalten. Für die Beleuchtung der aufgeführten Raumarten eignen sich Leuchten mit Leuchtstofflampen. Im Sitzungszimmer kann eine mehr dekorative Beleuchtung, z. B. mit Reflektorlampen, gewählt werden. Die Möglichkeit zum Regeln der Beleuchtungsanlage z. B. bei Dia-Vorführungen ist hier sinnvoll. Einzelbüros, in denen die Schreibtische ausschließlich in unmittelbarer Fensternähe stehen, benötigen 300 Lux. Alle anderen Einzel- und Gruppenbüros müssen mit einer Nennbeleuchtungsstärke von 500 Lux geplant werden. Die Nennbeleuchtungsstärke in Zeichenbüros von 750 Lux bezieht sich auf die Gebrauchslage des Zeichenbrettes von 75° zur Horizontalen, wobei der Mittelpunkt des Zeichenbrettes in 1,2 m Höhe liegt. Großraumbüros werden je nach Höhe der Reflexion von Decke und Wänden mit 750 Lux bzw. 1000 Lux beleuchtet. Helle Großraumbüros sind dann vorhanden, wenn die Decke einen Reflexionsgrad von mindestens 0,7 und die Wände bzw. Stellwände einen Reflexionsgrad von mindestens 0,5 besitzen.

Bürobeleuchtung

NENNBELEUCHTUNGSSTÄRKE:
Büroraum: 500 lx

Lichtfarbe: ww, nw   Stufe der Farbwiedergabe: 2
Güteklasse der Blendungsbegrenzung: 1

LÖSUNG:
Spiegelrasterleuchten oder Leuchten mit klaren Prismenwannen für Dreibanden-Leuchtstofflampen

Die meisten konventionellen Einzel- und Gruppenbüros sind mit einer fensterorientierten Arbeitsplatzanordnung versehen, wobei die Lichteinfallrichtung des Tageslichtes die Anordnung der Arbeitsplätze und damit die Blickrichtung bestimmt. Zur Vermeidung von Reflexblendung sollten die Leuchten parallel zur Fensterfront und damit zur Hauptblickrichtung angeordnet werden. In tieferen Büroräumen, in denen zwei Schreibtische nebeneinander stehen, wird die erste Reihe Leuchten im Abstand von 0,5 - 0,7 m und eine weitere Reihe Leuchten bzw. ein zweites Lichtband in 2 bis 3 m Abstand installiert. Bei Verwendung von Dreibanden-Leuchtstofflampen der Lichtfarbe „Warmton" oder „Weiß" erzielen einlampige Spiegelrasterleuchten oder Leuchten mit klaren Prismenwannen in Lichtbandanordnung die erforderliche Nennbeleuchtungsstärke von 500 Lux. Mit den vorgeschlagenen Leuchten und deren Anordnung werden auch die Anforderungen an die Blendungsbegrenzung nach DIN 5035 eingehalten.

Beleuchtung von Räumen mit Zeichenbrettern

NENNBELEUCHTUNGSSTÄRKE: 750 lx, 75° zur Horizontalen

Lichtfarbe: ww, nw, Stufe der Farbwiedergabe: 2
Güteklasse der Blendungsbegrenzung: 1

Das typische Merkmal von Räumen, in denen gezeichnet wird, sind die fast vertikal stehenden Zeichenbretter. Bei einheitlich ausgerichteter Anordnung der Zeichenbretter wie sie in größeren befensterten Räumen vorherrscht, sollten die Leuchten bzw. die Lichtbänder parallel zur Fensterfront in Blickrichtung installiert werden. Sie dürfen jedoch nicht direkt über den Zeichenbrettern angebracht sein. Die Lichtverteilung der Leuchten ist für die Arbeit am Zeichenbrett wichtig. Ein Zirkelstrich wird nur bei Schattenbildung erkannt, deshalb sollte das Licht nicht zu diffus sein. Schatten vor den Kanten der Lineale dürfen andererseits den dünnen Bleistiftstrich nicht unsichtbar machen. Deshalb sollte das Licht nicht eindeutig von links auf das Brett fallen, sondern auch von oben kommen und auf die vertikal geneigte Fläche gerichtet sein.

Beleuchtungsstärke in Räumen mit Bildschirmarbeitsplätzen

Spezielle Empfehlungen für die Beleuchtung von Räumen mit *Bildschirmarbeitsplätzen* sind im Teil 7 der DIN 5035 aufgeführt. Zwei Sehaufgaben muß man bei der Arbeit am Bildschirmgerät unterscheiden: Einmal das Lesen der Information auf dem Bildschirm und zum anderen das Lesen der jeweiligen Belege sowie das Lesen der Zeichen auf der Tastatur. Beide Sehaufgaben stellen, jede für sich allein betrachtet, unterschiedliche Anforderungen an die Beleuchtung. Zum Lesen des Beleges und zum Bedienen der Tastatur ist ein relativ hohes Beleuchtungsniveau notwendig. Diese Sehaufgabe ist vergleichbar mit konventioneller Büroarbeit, mit Nennbeleuchtungsstärken zwischen 300 und 1000 Lux nach DIN 5035 Teil 2. Für das Lesen der Bildschirminformation ist vor allem der Kontrast zwischen dem Bildschirmzeichen und seinem Hintergrund maßgebend, dieser nimmt jedoch mit steigendem Beleuchtungsniveau durch Überlagerung des Raumlichtes ab. Ein sinnvoller Kompromiß für die Höhe der Nennbeleuchtungsstärke liegt bei Werten zwischen 300 und 500 Lux.

Leuchtdichteverteilung in Räumen mit Bildschirmarbeitsplätzen

ϱ_D 0,6...0,8

ϱ_W 0,3...0,5

richtig ϱ_B 0,15...0,25 falsch

ϱ_T 0,2...0,5 ϱ_S 0,2...0,5

Die Reflexionseigenschaften der Raumbegrenzungsflächen, der Möblierung und der Arbeitstischoberflächen müssen in Räumen mit Bildschirmarbeitsplätzen berücksichtigt werden, um zu hohe Leuchtdichteunterschiede zu vermeiden und damit keine störenden Spiegelungen heller Flächen auftreten. Die zweckmäßigen Reflexionsgrade von Wänden, Fußboden, Decke, Schreibtischoberfläche und Tastatur sind oben angegeben. Die Farben der Raumbegrenzungsflächen sollten eine geringe Sättigung (Pastellfarben), die der Einrichtungsgegenstände eine mittlere Sättigung, haben. Ebenfalls kann eine zu helle Oberbekleidung zu störenden Spiegelungen auf dem Bildschirm führen. Wichtig ist auch die richtige Anordnung der Bildschirmgeräte zu den Fenstern. Um Spiegelungen zu vermeiden, sollten die Bildschirmgeräte so aufgestellt werden, daß die Hauptblickrichtung des Beschäftigten parallel zur Fensterfront verläuft. Ist das nicht möglich, müssen Vorhänge oder Jalousien vor den Fensterflächen angebracht werden.

Vermeidung von Reflexblendung in Räumen mit Bildschirmarbeitsplätzen

Raum mit 2 Fensterseiten   Raum mit 1 Fensterseite

- Arbeitsplatz ohne Bildschirmgerät
- Arbeitsplatz mit Bildschirmgerät
- Fenster
- Fenster mit Blendschutz
- Leuchtenband
- Stellwand
- Umfassungswände

Zur Vermeidung von Reflexblendung und Kontrastminderung auf dem Bildschirm dürfen sich auf diesem keine hohen Leuchtdichten von Leuchten, Fenstern und Wand- oder Stellflächen mit hohem Reflexionsgrad spiegeln. Mittlere Leuchtdichten über 200 cd/m^2 wirken auf den Beobachter bereits störend. Durch die richtige Zuordnung von Arbeitsplätzen zu den Fenstern und Leuchten können die Sehaufgaben am Bildschirmgerät erleichtert und damit die Belastung des Arbeitenden herabgesetzt werden. Wie in konventionellen Büros werden auch hier die Bildschirmgeräte parallel zur Hauptfensterfront aufgestellt. Die Anordnung der Leuchten bzw. Lichtbänder erfolgt ebenfalls parallel zur Hauptfensterfront, sie sollten nicht über, sondern seitlich dazu versetzt installiert sein. Befindet sich im Raum noch eine zweite Fensterseite, so muß diese mit einem Blendschutz versehen sein. Auch das Aufstellen von Stellwänden kann dazu beitragen, die störenden Leuchtdichten des Fensters zu verringern. Hat man keinen Einfluß auf die Zuordnung von Leuchten und Bildschirmgeräten, können z. B. Spiegelrasterleuchten eingesetzt werden, deren Leuchtdichte bei größeren Ausstrahlungswinkeln als 50° 200 cd/m^2 nicht überschreiten.

Anforderung an die Beleuchtung von Unterrichtsstätten

Raum / Tätigkeit	Nenn-beleuchtungs-stärke (Lux)
Unterrichtsräume mit Tageslichtquotient <1% und Abendbeleuchtung	500
Unterrichtsräume mit Tageslichtquotient >1%	300
Labors und Praktikumsräume	500
Technisches Zeichnen	750
Lichtfarbe	ww / nw
Farbwiedergabestufe	2
Güteklasse der Blendungsbegrenzung	1 bzw. 1*

Spezielle Empfehlungen für die Beleuchtung von *Unterrichtsstätten* sind in der DIN 5035 Teil 4 aufgeführt. Außer den oben angegebenen Anwendungsfällen werden in der Norm noch eine Reihe weiterer Bereiche in Unterrichtsstätten behandelt. Hierzu zählen überdachte Pausenräume und Fahrradständer, Nebenräume, Flure, Treppen, Mensen, Leseräume, Lehrküchen, Bastelräume und Hörsäle. Unterrichtsräume mit einem *Tageslichtquotienten D* größer als 1 % am ungünstigsten Arbeitsplatz benötigen nur 300 Lux. Unter dem Tageslichtquotienten versteht man das Verhältnis der Beleuchtungsstärke im Raum zur Beleuchtungsstärke im Freien in %, hervorgerufen durch das Tageslicht. Räume mit großen Fenstern haben demnach hohe Tageslichtquotienten. Zur Begrenzung der Direktblendung soll die Güteklasse 1 eingehalten werden. Wegen der häufig wechselnden Blickrichtung, auch oberhalb der Horizontalen, muß auch die zur nächst höheren Nennbeleuchtungsstärke gehörende Leuchtdichte-Grenzkurve mit berücksichtigt werden (Güteklasse 1*).

Beleuchtung von Unterrichtsräumen

NENNBELEUCHTUNGSSTÄRKE:
Tageslichtquotient D > 1% : 300 lx
D < 1% : 500 lx
Lichtfarbe: ww, nw   Stufe der Farbwiedergabe: 2
Güteklasse der Blendungsbegrenzung: 1
LÖSUNG:
① Allgemeinbeleuchtung: Lamellen- bzw. Spiegelrasterleuchten für Leuchtstofflampen
② Wandtafelbeleuchtung: Asymmetrisch strahlende Spiegelrasterleuchten

Die Beleuchtung eines *Unterrichtsraumes* muß zum Schreiben und Lesen sowie zum Erkennen von Texten und Zeichnungen auf der Wandtafel geeignet sein. Da diese Tätigkeiten denen im Büro ähnlich sind, sind auch die Anforderungen an die Beleuchtung vergleichbar. Zur Allgemeinbeleuchtung werden Lamellen- oder Spiegelrasterleuchten für Dreibanden-Leuchtstofflampen parallel zur Blickrichtung und zur Fensterfront montiert. Etwa in 2/3 Raumtiefe wird ein zweites Lichtband installiert. Zur Vermeidung von Reflexblendung sollte darauf geachtet werden, daß die Leuchten bzw. die Lichtbänder nicht über den Arbeitstischen, sondern möglichst über den Gängen verlaufen. Die Wandtafel sollte zur Erhöhung der vertikalen Beleuchtungsstärke eine getrennt schaltbare Zusatzbeleuchtung, bestehend aus asymmetrisch strahlenden Spiegelrasterleuchten, erhalten. Die Zusatzbeleuchtung soll zusammen mit der Allgemeinbeleuchtung in der Mitte der Wandtafel eine vertikale Beleuchtungsstärke haben, die der jeweils erforderlichen Nennbeleuchtungsstärke entspricht.

Tageslicht in Innenräumen

Tageslichtquotient

$= \dfrac{\text{Beleuchtungsstärke innen}}{\text{Beleuchtungsstärke außen}} \cdot 100\,\%$

Aufenthaltsräume und Arbeitsräume sollen ausreichend Tageslicht erhalten und die notwendige Sichtverbindung nach außen haben. Die DIN 5034 gibt an, wie mit Tageslicht in Innenräumen durch Fenster eine ausreichende Helligkeit zu erreichen ist. Hierzu dient der Tageslichtquotient, der das Verhältnis zwischen Innen- und Außenbeleuchtungsstärke bei bedecktem Himmel angibt. Der Tageslichtquotient ist unabhängig von der Tages- und Jahreszeit, da sich die Innenbeleuchtung bei bedecktem Himmel immer proportional zur Außenbeleuchtung ändert und ist deshalb ein eindeutiger Kennwert für jeden Punkt des Innenraumes. Bei seitlich angeordneten Fenstern fällt der Tageslichtquotient zur Raummitte ab. Will man den Tageslichtanteil in der Raummitte erhöhen, können Oberlichter oder aber auch Spiegelraster oder Prismen vor dem Fenster oder an der Raumdecke montiert werden, die das Tageslicht weiter in den Raum hineinlenken.

8 Beleuchtung in Handel, Industrie, Handwerk, Dienstleistung, Praxen, Wohnräumen und Landwirtschaft

Anforderungen an die Verkaufsraumbeleuchtung	116
Beleuchtung eines Selbstbedienungsladens	117
Schaufensterbeleuchtung	118
Vitrinenbeleuchtung	119
Anforderungen an die Industriebeleuchtung	120
Beleuchtungsarten in der Industrie	121
Beleuchtung von speziellen Sehaufgaben I	122
Beleuchtung von speziellen Sehaufgaben II	123
Anforderungen an die Beleuchtung im Handwerk	124
Beleuchtung von Kfz-Werkstätten und Schlossereien	125
Anforderungen für die Beleuchtung von Allgemeinen Räumen	126
Beleuchtung von Fluren	127
Anforderungen an die Beleuchtung von Dienstleistungsbetrieben	128
Beleuchtung im Restaurant	129
Beleuchtung von Hotelküchen	130
Beleuchtung von Hotelzimmern	131
Beleuchtung von Friseur- und Kosmetiksalons	132
Beleuchtung von zahnärztlichen Behandlungsräumen	133
Beleuchtung von Wohnräumen I	134
Beleuchtung von Wohnräumen II	135
Beleuchtung von Viehställen	136

Anforderungen an die Verkaufsraumbeleuchtung

Raum/ Tätigkeit	Nennbeleuchtungsstärke (Lux)
Verkaufsraum	300
Kassenarbeitsplatz	500

Lichtfarbe	ww /nw
Farbwiedergabestufe	2
Güteklasse der Blendungsbegrenzung	1

Die Werte für die Beleuchtungsstärke in *Verkaufsräumen* und im Bereich der Kassenarbeitsplätze ist in DIN 5035 Teil 2 festgelegt. Die aufgeführte Nennbeleuchtungsstärke von 300 Lux in Verkaufsräumen ist ebenfalls in der Arbeitsstätten-Richtlinie ASR 7/3 enthalten und berücksichtigt praktisch nur, daß das Verkaufspersonal gefahrlos seiner Tätigkeit nachgehen kann. Vom werblichen Gesichtspunkt aus betrachtet, sind höhere Beleuchtungsstärken erforderlich. Da an den Kassenarbeitsplätzen an die Sehleistungen der dort Beschäftigten hohe Anforderungen gestellt werden, sind in diesem Bereich Beleuchtungsstärken von mindestens 500 Lux einzuplanen. Die Art der Beleuchtung in Verkaufsräumen ist abhängig von der Größe und dem Charakter des Geschäftes. In Warenhäusern wechselt das Angebot häufig. Die Beleuchtung muß deshalb den jeweiligen Gegebenheiten angepaßt werden. Die Beleuchtung in Fachgeschäften richtet sich vorwiegend nach dem Warenangebot. Häufig werden hier, zusätzlich zur Allgemeinbeleuchtung – meist mit Leuchtstofflampenleuchten – Halogenreflektorlampen oder ähnliche punktförmige Lichtquellen eingesetzt.

Beleuchtung eines Selbstbedienungsladens

NENNBELEUCHTUNGSSTÄRKE:
Verkaufsraum: 300 lx, Kassenarbeitsplatz: 500 lx

Lichtfarbe: ww, nw   Stufe der Farbwiedergabe: 2
Güteklasse der Blendungsbegrenzung: 1

LÖSUNG:
Allgemeinbeleuchtung:
① Raster- bzw. Spiegelrasterleuchten für Dreibanden-Leuchtstofflampen

Akzentbeleuchtung:
② Strahler an Stromschienen für Halogen-Reflektorlampen, SDW-T bzw. Metallhalogendampf-Lampen.

Das für Selbstbedienungsläden erforderliche Beleuchtungsniveau sollte über 300 Lux hinausgehen, denn nur dann kann die Ware effektvoll präsentiert werden. In dem oben gezeigten Beispiel werden in dem Selbstbedienungsladen über den Gängen breitstrahlende Raster- bzw. Spiegelrasterleuchten mit Dreibanden-Leuchtstofflampen installiert, damit die zum Verkauf dargebotene Ware eine möglichst hohe Vertikalbeleuchtungsstärke erhält. Im Bereich der Kassen muß die Nennbeleuchtungsstärke 500 Lux betragen. In hohen Verkaufsräumen ist es empfehlenswert, die Leuchten bzw. Lichtbänder von der Decke abzuhängen, damit die Waren auf den Regalen möglichst viel Licht erhalten. Eine zusätzliche Regalbeleuchtung mit Leuchtstofflampen unterstützt die Werbewirksamkeit der Beleuchtungsanlagen. In Bereichen des Verkaufsraumes, in denen bestimmte Waren effektvoll hervorgehoben werden sollen, eignen sich Strahler mit Halogen-Reflektorlampen, SDW-T-Lampen oder Metallhalogendampflampen kleiner Leistung zur Akzentbeleuchtung. Für die Akzentbeleuchtung wärmeempfindlicher Waren empfehlen sich die Halogen-Kaltlichtreflektorlampen, die 2/3 ihrer Wärmestrahlung nach hinten abgeben. Um mit der Anordnung dieser Leuchten möglichst variabel zu sein, können hierfür Stromschienen verwendet werden.

Schaufensterbeleuchtung

① **Allgemeinbeleuchtung:**
Kompaktleuchtstofflampen in Downlights

② **Akzentbeleuchtung:**
Strahler für Halogenreflektorlampen, SDW-T bzw. Metallhalogendampflampen

Eine *Schaufensterbeleuchtung* ist am Tage genauso wichtig wie in den Dunkelstunden. Am Tage wirkt eine helle Schaufensterbeleuchtung dem bekannten Spiegelungseffekt entgegen. Ist der Raum hinter einer Glasscheibe dunkel, wirkt diese als Spiegel. Für die Abendstunden ist es wichtig, die ausgestellte Ware besonders effektvoll hervorzuheben. Ein festgelegter Wert für die Höhe der Beleuchtungsstärke ist bei der Schaufensterbeleuchtung nicht sinnvoll. Hierbei entscheidet in erster Linie die Art der Ware, die Lage des Geschäftes und die Größe des Schaufensters über den Einsatz der verschiedenen Lichtquellen. Aus wirtschaftlichen Erwägungen ist, besonders auch für die Tageszeit, eine Allgemeinbeleuchtung mit Leuchtstofflampen, z. B. in Spiegelrasterleuchten oder Kompakt-Leuchtstofflampen in Downlights zu empfehlen. Die wünschenswerten Effekte erhält man jedoch mit punktförmigen Lichtquellen, wie Halogen-Reflektorlampen, Metallhalogendampflampen und SDW-T-Lampen. Diese können entweder von oben von der Decke oder auch vom Boden des Schaufensters aus die Ware anstrahlen.

Vitrinenbeleuchtung

① Spiegelrasterleuchte für Leuchtstofflampen

② Einbaustrahler für Reflektorglühlampen „spot" und Halogenreflektorlampen

③ Leuchtstofflampen abgeschirmt durch Raster

Für die Beleuchtung von Vitrinen gelten praktisch die gleichen Merkmale wie für die Schaufensterbeleuchtung. Wesentlich ist auch hier, daß die Ware attraktiv beleuchtet wird, die Lichtquellen selbst aber zum Betrachter hin abgeschirmt sind. Für mehr großflächiges Ausstellungsgut eignen sich zur Beleuchtung Leuchtstofflampen oder PL 18-36 W-Kompakt-Leuchtstofflampen, in engbündelnden Spiegelrasterleuchten, um möglichst wenig Licht nach außen treten zu lassen. In Vitrinen, in denen kleine Objekte wie z. B. Schmuck oder Uhren, ausgestellt werden, sorgen Einbaustrahler, die entweder mit Halogen-Reflektorlampen, SDW-T-Lampen oder Metallhalogendampflampen kleiner Leistung bestückt sind, für eine effektvolle und vor allem schattenreiche Beleuchtung. Punktförmige Lichtquellen erzeugen auf der ausgestellten Ware Brillanz und die erforderliche plastische Wirkung. Kombiniert man die beiden Beleuchtungsarten, erhält man eine wirtschaftliche Grundbeleuchtung durch die Leuchtstofflampen, die durch die Akzentbeleuchtung hinsichtlich Attraktivität ergänzt wird.

Anforderung an die Industriebeleuchtung

Raum/ Tätigkeit	Nennbe- leuchtungs- stärke (Lux)	Farb- wieder- gabe- stufe	Güteklasse Blendungs- be- grenzung
Kraftwerk Kesselhaus	100	3	3
Gießerei Gießhalle	200	3	2
Elektrotechnik Montage von Telefonapparaten	500	3	1
Grafische Industrie Farbkontrolle	1500	1	1

Lichtfarbe Kesselhaus, Gießhalle : ww/nw
Montage von Telefonapparaten, Farbkontrolle : ww/nw/tw

In der Norm DIN 5035 Teil 2 sind fast alle Tätigkeiten bzw. Raumarten, die in der gesamten Industrie vorkommen, aufgeführt. Die einzelnen Sehaufgaben variieren dabei bezüglich Detailgröße, Form, Farbe, Struktur und Kontrast in weiten Grenzen. Grundsätzlich schreibt die Norm vor, daß in Räumen, die dem ständigen Aufenthalt von Personen dienen, eine Nennbeleuchtungsstärke von 100 Lux nötig ist, und daß an ständig besetzten Arbeitsplätzen in Gebäuden eine Nennbeleuchtungsstärke von mindestens 200 Lux vorzusehen ist. Die höheren Beleuchtungsstärken werden durch die Schwierigkeiten der jeweiligen Sehaufgabe bestimmt. Für die Beleuchtung von Innenräumen sind im allgemeinen nur Lampen der Farbwiedergabestufe 3 zulässig. In einigen Fällen bis 200 Lux ist jedoch auch die Hochdruck-Natriumdampflampe (Farbwiedergabestufe 4) zulässig, z. B. in Gießereien, Chemischer Industrie, Stahlwerken und Kraftwerken. Bei der Farbkontrolle, z. B. im grafischen Gewerbe, in der chemischen Industrie sowie bei der Textil- und Lederwarenverarbeitung sollen Lampen mit einem Farbwiedergabeindex R_a größer 90 eingesetzt werden (Leuchtstofflampen „de Luxe").

Beleuchtungsarten in der Industrie

NENNBELEUCHTUNGSSTÄRKE: je nach Sehaufgabe

① Geschoß- und Flachbauten
② Shedbauten
③ Hohe Hallen

① Industrieleuchten für Leuchtstofflampen

②

③ Reflektorleuchten für Hochdruck-Entladungslampen

Geschoß- und Flachbauten sowie Shedhallen haben meistens Höhen zwischen 3,5 m und 7 m. Bei diesen Raumhöhen kommen Leuchten für Leuchtstofflampen in Frage, die meistens als Lichtband entweder direkt an der Dachkonstruktion oder an Pendeln abgehängt werden. Möglichst sollen zur Vermeidung von störenden Reflexen und Schatten die Lichtbänder im rechten Winkel zu den Reihen der Werkbänke oder Maschinen angeordnet werden. In hohen Industriehallen mit Höhen über 7 m müssen die Leuchten meist wegen vorhandener Aufbauten und Krananlagen sehr hoch montiert werden. Deshalb sind hier die lichtstromstarken Hochdruck-Entladungslampen den Leuchten für Leuchtstofflampen vorzuziehen. Wegen der höheren Lichtstromkonzentration braucht man wenige Leuchten, geringeren Wartungsaufwand und man hat niedrigere Kosten für die Installation. Wenn höhere Nennbeleuchtungsstärken als 1000 Lux erforderlich sind, kann eine Einzelplatzbeleuchtung zweckmäßig sein; es ist jedoch zu beachten, daß der Anteil der Allgemeinbeleuchtung 500 Lux betragen muß.

Beleuchtung von speziellen Sehaufgaben I

Erkennen von Formen

Kontrolle von Umrissen

Kontrolle von Stoffen

Bei vielen Fertigungsprozessen in der Industrie und bei Arbeiten im Handwerk treten Sehaufgaben auf, für die die normale Allgemeinbeleuchtung allein nicht ausreicht. Das trifft auch für die Kontrolle bestimmter Erzeugnisse zu. In diesen Fällen muß dann eine Sonderbeleuchtung, die speziell auf diese Sehaufgabe abgestimmt ist, zusätzlich installiert werden. Bei der Arbeit an der Drehbank muß einerseits häufig in den Hohlraum des zu bearbeitenden Werkstückes gesehen werden können, andererseits ist es aber auch wichtig, die Form und die Struktur des Materials zu erkennen. Dieses ist nur mit einer verstellbaren Arbeitsplatzleuchte möglich. Eine Silhouettenbeleuchtung ermöglicht die Kontrolle von Gegenständen, deren Umrisse beurteilt werden sollen. Hierzu wird der zu betrachtende Gegenstand vor eine durchleuchtete Fläche gestellt. Sollen Unregelmäßigkeiten in durchscheinenden Materialien erkannt werden, werden sie von der Rückseite her mit diffusem Licht durchstrahlt.

Beleuchtung von speziellen Sehaufgaben II

Kontrolle von Glas

Erkennen von Fehlern

Kontrolle von Oberflächen

Die Kontrolle von Objekten aus transparentem Material, wie z. B. Gläser und Flaschen, erfolgt zweckmäßigerweise mit Hilfe einer *Spezialbeleuchtung*. Hierzu werden die Objekte vor eine durchleuchtete Scheibe gestellt. Schmutz in Gläsern und Bruchstellen lassen sich sofort erkennen. Das reflektierte Licht einer großflächigen Leuchte erleichtert das Erkennen von Fehlern in einer polierten Oberfläche. Diese Fehler können z. B. Poren, Einschlüsse oder unbeschichtete Stellen auf poliertem Grund sein. Die hierfür geeignete Beleuchtungseinrichtung wird mit Leuchtstofflampen bestückt und verschiebbar über dem Arbeitstisch angeordnet. Zur Kontrolle von Oberflächen auf Unregelmäßigkeiten, wie Risse oder Kratzer in matten Flächen, benötigt man eine Beleuchtungsvorrichtung mit ganz flachem, einseitigen Lichteinfall. Hierfür eignen sich sowohl Leuchten mit Leuchtstofflampen als auch Leuchten mit Reflektorglühlampen, die dicht über dem Arbeitstisch angeordnet werden.

Anforderungen an die Beleuchtung im Handwerk

Raum / Tätigkeit	Nennbeleuchtungsstärke (Lux)	Farbwiedergabestufe	Güteklasse Blendungsbegrenzung
Entrosten u. Anstreichen von Stahlbauteilen	200	3	2
Schlosserei und Klempnerei	300	3	2
Kfz-Werkstätten	300	3	2
Radio- u. Fernsehwerkstatt	500	2	1

Lichtfarbe: ww / nw

Für die zahlreichen Gewerbe im Handwerk sind in der DIN 5035 Teil 2 die Anforderungen an die Güte der Beleuchtung aufgeführt. Besonders für alle Handwerksbetriebe gilt, daß neben der Erfüllung der Werte für die Nennbeleuchtungsstärke, Leuchten eingesetzt werden, die eine Direktblendung vermeiden. Für die Allgemeinbeleuchtung werden in niedrigen Räumen Lichtbänder mit Reflektorleuchten für Leuchtstofflampen, in höheren Hallen (über 7 m) auch Reflektorleuchten für Hochdruck-Entladungslampen installiert. Bei der Beleuchtung im Handwerk ist darauf zu achten, daß z. B. in feuchten oder feuergefährdeten Betriebsstätten Leuchten der entsprechenden Schutzart ausgewählt werden. Auch die Wartung, d. h. rechtzeitiger Lampenwechsel und Reinigung der Leuchten, spielt in diesem Bereich eine besondere Rolle. Häufig sind für schwierige Sehaufgaben Einzelplatzbeleuchtungen nötig. Hierbei ist darauf zu achten, daß die Allgemeinbeleuchtung immer zusätzlich eingeschaltet ist, um eine ausgewogene Helligkeitsverteilung im Raum zu gewährleisten.

Beleuchtung von Kfz-Werkstätten und Schlossereien

NENNBELEUCHTUNGSSTÄRKE: 300 lx

Lichtfarbe: ww, nw   Stufe der Farbwiedergabe: 3
Güteklasse der Blendungsbegrenzung: 2

LÖSUNG:
Allgemeinbeleuchtung:
Tragschienen-Reflektorleuchten für Leuchtstofflampen

Kfz-Werkstatt

Schlosserei

Die für diese beiden Gewerbe erforderliche Allgemeinbeleuchtung erfolgt mit Reflektorleuchten für Leuchtstofflampen in Lichtbandanordnung, z. B. montiert an Tragschienen. In schlossereiähnlichen Betrieben sollten die Lichtbänder im rechten Winkel zu den Werkbänken verlaufen. An Werkzeugmaschinen sind zusätzlich verstellbare Arbeitsplatzleuchten anzubringen. Die Beleuchtung der Bohrmaschinen muß so erfolgen, daß die Arbeiter keine Schatten auf das Werkstück werfen. Beim Schweißen sollte zusätzlich zur Allgemeinbeleuchtung eine mobile Arbeitsplatzleuchte vorhanden sein, um hohe Beleuchtungsstärken (5000 Lux) auf dem Werkstück zu ermöglichen. In Kfz-Werkstätten erfolgt die Beleuchtung der Abschmiergruben mit staub- und feuchtigkeitsgeschützten Leuchten (Schutzart IP 54) für Leuchtstofflampen, die in Nischen installiert sind und damit bündig zu den Längswänden verlaufen.

Anforderungen für die Beleuchtung von Allgemeinen Räumen

Raum / Tätigkeit	Nennbeleuchtungsstärke (Lux)	Farbwiedergabestufe	Güteklasse Blendungsbegrenzung
Umkleideräume Toiletten	100	2	2
Treppen Fahrtreppen	100	3	2
Kantinen	200	2	1
Fernschreibstelle Poststelle	500	2	1

Lichtfarbe: ww / nw

In der DIN 5035 Teil 2 sind die beleuchtungstechnischen Anforderungen von Allgemeinen Räumen zusammengefaßt. Hierzu zählen Verkehrszonen, Lagerräume, Pausen-, Sanitär- und Sanitätsräume, Umkleide- und Waschräume sowie Räume für haustechnische Anlagen. Darüberhinaus gibt es in der Norm einen Abschnitt über Anforderungen für Verkehrswege in Gebäuden. Für Lagerräume mit Such- und Leseaufgaben sind höhere Beleuchtungsstärken nötig als in Lagern mit gleichartigen und großteiligen Gütern. Die Gänge von Lagerräumen werden mit tiefbreitstrahlenden Spiegelreflektorleuchten beleuchtet, damit auf den gelagerten Waren noch eine ausreichende Vertikal-Beleuchtungsstärke vorhanden ist. Treppen sind dann gut beleuchtet, wenn die Beleuchtungsstärke auf den waagerechten Stufen höher ist als auf den senkrechten Flächen, und wenn keine störenden Schlagschatten entstehen. Gute Beleuchtungsverhältnisse erzielt man mit Leuchten, die an den Wänden der Treppen montiert sind, bzw. auch mit beleuchteten Handläufen.

Beleuchtung von Fluren

Bei der Wahl der Beleuchtungsstärke für Flure muß man von den Beleuchtungsstärken benachbarter Räume ausgehen, um zu vermeiden, daß man aus einem sehr hell beleuchteten Raum auf einen dunklen Flur kommt. Die Beleuchtungsstärke auf dem Flur muß so an die der angrenzenden Räume angepaßt sein, daß auf dem Flur mindestens 10 % der Beleuchtungsstärke der benachbarten Räume vorhanden ist. Unabhängig davon, sind nach DIN 5035 Teil 2 auf Fluren die ausschließlich von Personen begangen werden 50 Lux und auf Verkehrswegen, die von Personen und Fahrzeugen benutzt werden 100 Lux erforderlich. Für die Anordnung der Leuchten gibt es viele Varianten. Leuchtstofflampen quer zum Flur an der Decke montiert, können lange enge Flure günstig beeinflussen. Leuchten für Leuchtstofflampen und Reflektorlampen, die ihr Licht an die Wände strahlen, bieten zusätzlich die Möglichkeit, Bilder an den Wänden besonders hervorzuheben und gleichzeitig den Flur gut auszuleuchten.

Anforderungen an die Beleuchtung von Dienstleistungsbetrieben

Raum/ Tätigkeit	Nennbeleuchtungsstärke (Lux)	Lichtfarbe	Farbwiedergabestufe	Güteklasse Blendungsbegrenzung
SB-Gaststätte	300	ww/nw	2	1
Hotelküche	500	ww/nw	2	2
Haarpflege	500	ww/nw/tw	1	1
Kosmetik	750	ww/nw/tw	1	1

Zu den in der DIN 5035 Teil 2 angegebenen Dienstleistungsbetrieben gehören Räume aus dem Bereich Hotels und Gaststätten sowie Wäscherei und Haarpflege. Alles Räume, in denen eine individuelle Lichtplanung erforderlich ist. Im Bereich Hotels und Gaststätten gibt es kaum rezeptartige Beleuchtungslösungen. Eine gute Beleuchtungsplanung berücksichtigt den Stil und die Bauart des Hauses und die spezifische Art der Einrichtung. Über der Rezeption sollte die Beleuchtungsstärke höher sein als in der freien Raummitte, um den Gästen die Orientierung und dem Personal die Arbeit zu erleichtern. Hotelhallen und Foyers sollten keine gleichmäßige Beleuchtung erhalten, sondern durch einzelne Lichtinseln, z. B. über Sitzgruppen, unterteilt sein.

Selbstbedienungsgaststätten benötigen eine sachliche Allgemeinbeleuchtung mit einem Niveau von 300 Lux, damit der Gast mühelos die verfügbaren Plätze erkennen kann, und das Personal den nötigen Überblick behält. Eine zusätzliche Beleuchtung der Vitrinen mit den angebotenen Speisen lenkt die Aufmerksamkeit der Gäste darauf.

Beleuchtung im Restaurant

Es gibt Restaurants, in denen eine größere Anzahl eiliger Gäste schnell bedient werden müssen und Restaurants, in denen der Gast länger verweilen möchte. Die jeweils gewünschte Atmosphäre wird durch die Art der Beleuchtung entscheidend beeinflußt. In den SB-Gaststätten muß eine gute Allgemeinbeleuchtung vorhanden sein, wobei über den Essen- und Getränkeausgaben höhere Beleuchtungsstärken vorzusehen sind. In Restaurants für längeren Aufenthalt der Gäste muß vor allem eine angenehme *Tischbeleuchtung* vorhanden sein. Hierfür kommen in erster Linie gut abgeschirmte Leuchten für die wirtschaftlichen Kompaktleuchtstofflampen in Frage. Zwischen der Tischplatte und einer Hängeleuchte sollte ein Abstand von ca. 60 cm vorhanden sein, damit man nicht in die Leuchte hineinsehen kann, daß aber die gegenübersitzenden Personen sich trotzdem ungehindert ansehen können. Wenn Tische umgesetzt werden, sollten auch die Leuchten mit verstellt werden, hierfür eignen sich z. B. Stromschienen, an denen an beliebiger Stelle Leuchten befestigt werden können.

Beleuchtung von Hotelküchen

NENNBELEUCHTUNGSSTÄRKE: 500 lx

Lichtfarbe: ww, nw   Stufe der Farbwiedergabe: 2
Güteklasse der Blendungsbegrenzung: 2

LÖSUNG:

Allgemeinbeleuchtung:
Feuchtraum-Wannenleuchten für Leuchtstofflampen

Wrasenabzug:
Feuchtraumleuchten für Leuchtstofflampen

In Küchen ist Sauberkeit und Hygiene eine unabdingbare Forderung. In hellen freundlichen Räumen wird Schmutz eher gebannt als in dunklen. Die Allgemeinbeleuchtung erfolgt mit Leuchten für Leuchtstofflampen, die gleichmäßig an der Decke der Küche verteilt werden. Auf diese Weise wird eine sehr gleichmäßige, universell nutzbare Allgemeinbeleuchtung erreicht, die auch eine Veränderung der Arbeitsplätze erlaubt. Da in Küchen mit fettigen Schwaden und Wasserdampf zu rechnen ist, empfiehlt es sich, Feuchtraum-Wannenleuchten mit der Schutzart IP 54 einzusetzen. In dem Wrasenabzug sind ebenfalls Leuchten für Leuchtstofflampen einzubauen, um zu gewährleisten, daß über dem Herd eine genügend hohe Beleuchtungsstärke vorhanden ist. Bei sehr unterschiedlichen Arbeiten (z. B. Vorbereiten, Kochen, Spülen) in größeren, getrennten Raumzonen, kann man auch eine arbeitsplatzorientierte Allgemeinbeleuchtung einsetzen.

Beleuchtung von Hotelzimmern

Das Hotelzimmer dient dem Gast oft nicht nur als Schlafstätte, sondern auch als Wohn- bzw. Arbeitsraum. Im Eingangsbereich mit Garderobe, Kofferablage und Ankleidespiegel erzeugen je nach auszuleuchtender Fläche Deckeneinbau- oder Aufbauleuchten für Reflektorlampen bzw. Kompaktleuchtstofflampen die erforderliche Beleuchtungsstärke. Im Bad befindet sich eine Leuchte in der Mitte des Raumes, ergänzt durch zwei dazu passenden Wandleuchten rechts und links vom Spiegel. Die wohnliche Allgemeinbeleuchtung im Wohn-Schlafraum kommt von Leuchtstofflampen mit der Lichtfarbe „Warmton Extra", montiert am Fenster und abgeschirmt zum Raum hin durch eine Holzblende. Die Vorhänge reflektieren das Leuchtstofflampenlicht in den Raum. Auf den beiden Nachttischen und dem Schreibplatz stehen helle Tischleuchten. Zwischen den beiden Sesseln befindet sich eine Stehleuchte als Lesebeleuchtung.

Beleuchtung von Friseur- und Kosmetiksalons

NENNBELEUCHTUNGSSTÄRKE:
Haarpflege: 500 lx   Kosmetik: 750 lx

Lichtfarbe: ww, nw   Stufe der Farbwiedergabe: 1
Güteklasse der Blendungsbegrenzung: 1

LÖSUNG:

Arbeitsplatzorientierte Allgemeinbeleuchtung:
① Spiegelrasterleuchten für Dreibanden-Leuchtstofflampen ww, nw

Spiegelbeleuchtung:
② Dekorative Leuchten für einseitig gesockelte Leuchtstofflampen

In Salons, die ausschließlich der Haarpflege dienen, genügen Beleuchtungsstärken von 500 Lux, kosmetische Arbeiten erfordern 750 Lux. Zur Allgemeinbeleuchtung werden in Räumen ohne abgetrennte Kabinen Spiegelrasterleuchten für Leuchtstofflampen in 2 bis 3 m Höhe etwa 0,5 m hinter der Stuhlreihe parallel zu den Spiegeln oder aber zwischen den Stühlen quer zu den Spiegeln angeordnet. In Räumen mit Kabinen werden die Leuchten seitlich an den Kabinenwänden montiert. In jedem Fall ist eine zusätzliche Spiegelbeleuchtung nötig. Um störende Schatten unter Kinn und Nase zu vermeiden, ist es zweckmäßig, die Leuchten rechts und links vom Spiegel zu befestigen. Eine besonders wirtschaftliche Lösung sind hierfür Wandleuchten, bestückt mit einseitig gesockelten Leuchtstofflampen. Für die Anpassung von Haarersatz sind Leuchtstofflampen mit einem Farbwiedergabeindex größer 90 nötig; diese sollten in einer besonderen Kabine installiert werden.

Beleuchtung von zahnärztlichen Behandlungsräumen

Die lichttechnischen Anforderungen an diese Räume sind in DIN 67505 niedergelegt. Die Beleuchtung muß so ausgelegt sein, daß keine unzulässig hohen Leuchtdichteunterschiede im Raum auftreten, deshalb wird der Behandlungsraum in drei Beleuchtungszonen aufgeteilt. Das sog. Behandlungsfeld ist der Mund des Patienten und wird mit einer speziellen Behandlungsleuchte mit 8000 bis 12000 Lux beleuchtet. Die Beleuchtung des Behandlungsplatzes mit 1000 Lux ermöglicht, daß Feinarbeiten außerhalb des Behandlungsfeldes ausgeführt werden. Die Allgemeinbeleuchtung des Behandlungsraumes soll 500 Lux betragen. Die Lichtfarben der drei Behandlungszonen sollten möglichst identisch sein, der Farbwiedergabeindex der Allgemeinbeleuchtung besser Ra 85, für das Behandlungsfeld und den Beleuchtungsplatz besser Ra 90. Für die Allgemeinbeleuchtung und den Behandlungsplatz werden Leuchtstofflampen mit der Lichtfarbe Tageslichtweiß (tw) empfohlen. Direktblendung der Allgemeinbeleuchtung wird vermieden, wenn Leuchten der Güteklasse 1 eingesetzt werden. Für den Behandlungsplatz und das Behandlungsfeld werden in der Norm genauere Blendungsbegrenzungen angegeben.

Beleuchtung von Wohnräumen I

Im Wohnzimmer benötigt man einerseits häufig hohe Beleuchtungsstärken, damit alle Familienmitglieder ihren teilweise recht unterschiedlichen Tätigkeiten nachgehen können, andererseits bedarf es einer gedämpften Beleuchtung, um die gemütliche Atmosphäre häuslicher Abgeschiedenheit und Intimität hervorzurufen. Diese beiden Forderungen werden erfüllt, wenn man großzügig von zahlreichen Beleuchtungskörpern in verschiedenen Teilen des Raumes Gebrauch macht. Der Raum macht dann einen größeren Eindruck, erhält mehr Atmosphäre und ist auch für die unterschiedlichsten Beschäftigungen ausreichend beleuchtet. Eine Stehleuchte, ein oder zwei Tischleuchten auf der Anrichte, dem Kaminsims oder kleinen Beisatztischen und ein paar Strahlerleuchten ermöglichen im Wohnzimmer Beleuchtungsverhältnisse, die sich mit einem Schlag verwandeln lassen und den wechselnden Umständen angepaßt sind.

Beleuchtung von Wohnräumen II

——— Leuchtstofflampen mit Blende

⊏⊐ Wannenleuchte für Leuchtstofflampen

✕ Wand- bzw. Leseleuchte

⊗ Pendelleuchte

⊠ Steh- bzw. Tischleuchte

_↑__↑_ Stromschiene mit Strahlern

⊙ Deckenleuchte

Die Küche sollte mit den wirtschaftlichen Leuchtstofflampen beleuchtet werden, da die Küche in erster Linie als Arbeitsraum dient. Als zusätzliche Arbeitsplatzbeleuchtung über dem Kochherd, dem Küchentisch und über der Abwäsche geben einlampige Leuchten für Leuchtstofflampen das erforderliche Licht, ohne daß ein störender Körperschatten auf der Arbeitsfläche entsteht. Wo der Eßplatz in der Küche eingefügt oder ihr angegliedert ist, sollte eine zusätzliche Eßplatzbeleuchtung installiert werden. Mit Pendelleuchten, bestückt mit Kompaktleuchtstofflampen, lassen sich hier auch architektonisch sehr hübsche Wirkungen erzielen, die zu einer betonten Trennung von Koch- und Eßteil beitragen. Ins Bad gehört eine gute Allgemeinbeleuchtung, die den gesamten Raum beleuchtet und eine zusätzliche Beleuchtung am Spiegel, die keine dunklen Schatten unter Augen, Nase und Kinn hervorrufen darf. Hierfür eignen sich ebenfalls Leuchtstofflampen, die seitlich und über dem Spiegel montiert werden.

Beleuchtung von Viehställen

Rindviehstall		Nenn-beleuchtungs-stärke (Lux)
	Allgem. Stallbeleuchtung	50
	Futter-, Mistgänge	100
	Melkgänge	200

Schweinestall		
	Allgem. Stallbeleuchtung	50
	Futtergänge, Ferkelbereich, Abferkelbereich	100

Pferdestall		
	Allgem. Stallbeleuchtung	50
	Futtergänge, Arbeitsgänge	100

Die Allgemeinbeleuchtung im Stall dient der Orientierung und der Kontrolle der Tiere. Die Arbeitsbeleuchtung bezieht sich auf die angegebenen Raumzonen und braucht nur bei den jeweilig durchzuführenden Tätigkeiten eingeschaltet zu werden. An ständig besetzten Arbeitsplätzen in Ställen ist eine Nennbeleuchtungsstärke von 200 Lux vorzusehen. Die oben angegebenen Nennbeleuchtungsstärken beziehen sich auf die horizontale Ebene in 0,2 m Höhe über dem Fußboden. Aufgrund ihrer langgestreckten Form und ihrer hohen Wirtschaftlichkeit eignen sich Leuchtstofflampen in Feuchtraumleuchten für die Beleuchtung der Ställe. Um eine möglichst gleichmäßige Verteilung der Beleuchtungsstärke zu erzielen, sollten einlampige Leuchten gewählt werden. Als Lichtfarbe für die Leuchtstofflampen wird warmweiß (ww) oder neutralweiß (nw) empfohlen. Aus Gründen der Krankheitserkennung sind Lampen mindestens der Farbwiedergabestufe 2 nach DIN 5035 Teil 1 vorzusehen.

9 Beleuchtung von Pflanzen

Licht und Pflanzen – Photosynthese 138
Die Wirkung des Lichtes auf das Pflanzenwachstum 139
Der Lichtbedarf von Pflanzen 140

Licht und Pflanzen – Photosynthese

Das Wachstum von Pflanzen wird von vielen Faktoren bestimmt wie z. B. Temperatur, Bodenzusammensetzung, Feuchtigkeit und dem Kohlendioxidgehalt der Luft, insbesondere aber vom Licht. Wirtschaftliche Lichtquellen – Leuchtstofflampen, Hochdruck-Entladungslampen – können als Ergänzung zum natürlichen Tageslicht verwendet werden. Der Ernährungsprozeß der Pflanzen wird *Photosynthese* genannt. Hierbei werden in der Pflanze aus Kohlendioxid und Wasser, unter Einwirkung von Licht, Kohlehydrate, die für den Aufbau der Pflanzensubstanzen erforderlich sind, gebildet. Gleichzeitig wird bei diesem chemischen Prozeß auch Sauerstoff frei. Die Energie des Lichtes wird vom Blattgrün (Chlorophyll) aufgenommen. Der Photosyntheseprozeß ist abhängig von der Intensität (Beleuchtungsstärke), von der spektralen Zusammensetzung des Lichtes und der Dauer der Belichtung.

Die Wirkung des Lichtes auf das Pflanzenwachstum

① BELEUCHTEN ⟶ Aussehen — Auge

② BELICHTEN ⟶ Photosynthese — Pflanze
Wachstum

③ BELICHTEN ⟶ Morphogenese
Formgebung

④ HELL/DUNKEL ⟶ Photoperiodismus
Blütenbildung

⑤ LICHTRICHTUNG ⟶ Phototropismus
Ausrichten zum
Licht

Lampen werden für verschiedene Aufgaben im Hinblick auf Pflanzenbeleuchtung eingesetzt. Zum dekorativen Beleuchten der Pflanzen, z. B. im Wohnbereich, benötigt man Lampen mit guten Farbwiedergabeeigenschaften, da die Pflanzen mit dem menschlichen Auge betrachtet werden. Bei der Belichtung muß auf die Lichtempfindlichkeit der Pflanze Rücksicht genommen werden. Der Ernährungsprozeß der Pflanze ist die Photosynthese, bei der aus Wasser und Kohlendioxid Kohlehydrate und Sauerstoff gebildet werden. Der Begriff *Morphogenese* beschreibt die Formgebung der Pflanze durch Licht. Rotes Licht bewirkt ein Längenwachstum, blaues Licht das Dickenwachstum. Um Pflanzen zum Blühen zu bringen, müssen sie periodisch belichtet werden. Diesen Vorgang nennt man *Photoperiodismus*. Nach der erforderlichen Belichtungsperiode werden Pflanzen in Kurztagspflanzen, Langtagspflanzen und tagneutrale Pflanzen eingeteilt. Mit *Phototropismus* wird der Einfluß der Lichteinfallsrichtung auf die Wachstumsrichtung beschrieben.

Der Lichtbedarf von Pflanzen

	gering ●	mittel ◐	hoch ○
Erhalt	500 lx	1000 lx	1500 lx
Wachstum	1000 lx	2000 lx	3000 lx
Pflanzen-merkmale	viele, breite weiche Blätter	gegliederte, hartlaubige Blätter ausgebildete Blüten	keine oder wenige, kleine Blätter bunte Blätter Blütenknospen
hohe, dominante Pflanzen	Bergpalme	Gummibaum	Yuccapalme
halbhohe, füllende Pflanzen	Drachenbaum	Sanseverien	Zimmeraralie
Bodendecker, Ranken	Usambara-veilchen	Efeu	Hibiskus

Der Lichtbedarf von Pflanzen ist sehr unterschiedlich. Er hängt einerseits ab von der Pflanzenart und zum anderen, ob nur ein Erhalt der Pflanzen oder aber ein Wachstum gewünscht wird. In der Tabelle sind verschiedene Pflanzenarten mit unterschiedlichem Lichtbedarf aufgeführt. Die Pflanzen wurden unterteilt in bodenbedeckende, halbhohe und hohe Pflanzen. Der Abstand zwischen Pflanze und Lampe sollte 25 cm bis 50 cm betragen. Niedrigere Abstände würden zu einer überhöhten Temperatur führen, die den Pflanzen schadet. Zur Aufhängung sollte man Leuchten an Pendeln verwenden, da diese in der Höhe verstellbar sind und jeweils dem richtigen Abstand angepaßt werden können. Für rechteckig angeordnete Pflanzengruppen, z. B. in Blumenfenstern, Vitrinen, Schaufenstern, eignen sich Leuchtstofflampenleuchten. Für die Beleuchtung von runden Blumengefäßen kommen mehr punktförmige Lampentypen in Frage, wie z. B. Mischlichtlampen und Hochdruck-Quecksilberdampflampen.

10 Straßenbeleuchtung

Anforderungen an die Straßenbeleuchtung............................	142
Beispiel aus der DIN 5044 „Ortsfeste Verkehrsbeleuchtung".............	143
Leuchtdichte in der Straßenbeleuchtung	144
Gleichmäßigkeit der Leuchtdichte in der Straßenbeleuchtung...........	145
Straßenbeleuchtung mit Leuchten für Hochdruck-Natrium-dampflampen 70 W	146
Straßenbeleuchtung mit Leuchten für Hochdruck-Natrium-dampflampen 150 W..	147
Anstrahlungen von Fassaden...	148
Anstrahlung von Bäumen und Pflanzen...............................	149

Anforderungen an die Straßenbeleuchtung

```
┌─────────────────┐ ⇦⇨ ┌─────────────────┐
│ Verkehrstechnik │     │  Lichttechnik   │
└─────────────────┘     └─────────────────┘
```

▷ Querschnitt   ▷ Leuchtdichte [1.)]

  − Mittelstreifen   ▷ Gleichmäßigkeit

  − Bebauung   ▷ Blendungsbegrenzung

  − Seitenstreifen   ▷ Optische Führung

                      ▷ Lichtfarbe, Farbwiedergabe

▷ Verkehr   ▷ Adaptation

  − Parken   1.) Ausnahme: Beleuchtungsstärke

  − Geschwindigkeit

  − Verkehrsstärke u. Dauer

Die DIN 5044 *„Straßenbeleuchtung"* bildet die Grundlage für die verkehrsgerechte Auslegung der Beleuchtungsanlage und ihren verkehrsabhängigen Betrieb, z. B. Halbnachtschaltung, je nach Verkehrsaufkommen. Auf der Basis der Leuchtdichtetechnik werden die Anforderungen an die Güte der Beleuchtung festgelegt. Die Anforderungen werden nach dem jeweiligen Unfallrisiko abgestuft, d. h. den Störungen im Verkehrsablauf und deren Gefährlichkeit. Es erfolgt also eine Verknüpfung der lichttechnischen Gütemerkmale mit verkehrstechnischen Kriterien, die die bauliche Gestaltung und das Verkehrsaufkommen beinhalten. So ist z. B. auf Straßen mit Mittelstreifen die Unfallgefahr geringer als auf Straßen ohne Mittelstreifen. Bebaute Straßen mit Ein- und Ausfahrten und Fußgängerverkehr sind gefährlicher als Straßen ohne Bebauung. Die einzelnen Gütemerkmale der Straßenbeleuchtung sind die mittlere Leuchtdichte, die Längs- und Gesamtgleichmäßigkeit, die Blendungsbegrenzung, die optische Führung, Lichtfarbe und Farbwiedergabeeigenschaft der Lampen und die Adaptation. Beleuchtungsstärken anstelle der Leuchtdichten werden nur in Ausnahmefällen zur Bewertung herangezogen.

Beispiel aus der DIN 5044 „Ortsfeste Verkehrsbeleuchtung"

Verkehr bei Dunkelheit	Straßen ohne Mittelstreifen				
Stärke Kfz/h Spur	600	300	100	100	100 Anlieger
Überschreitung h/a	≥200	≥300	≥300	<300	<300
Ortsstraßen					
Bebauung, Parken	$L_n = 2$; $U_l = 0{,}7$; $KB = 1$				
Bebauung, ohne Parken		$L_n = 1{,}5$; $U_l = 0{,}6$; $KB = 1$	$L_n = 1$; $U_l = 0{,}6$; $KB = 2$	$L_n = 0{,}5$; $U_l = 0{,}4$; $KB = 2$	$L_n = 0{,}3$; $KB = 2$
ohne Bebauung ohne Parken					
Gesamtgleichmäßigkeit				0,4	0,3

L_n = mittlere Leuchtdichte cd/m^2
U_l = Längsgleichmäßigkeit
KB = Klasse der Blendungsbegrenzung

Die Abbildung zeigt einen Ausschnitt aus der DIN 5044 Teil 1 *„Ortsfeste Verkehrsbeleuchtung"*. Es werden in diesem Beispiel Richtwerte für die Beleuchtung von Straßen innerhalb bebauter Gebiete angegeben. Die lichttechnische Auslegung der Straßenbeleuchtung, wie mittlere Leuchtdichte, Längs- und Gesamtgleichmäßigkeit sowie Klasse der Blendungsbegrenzung richtet sich nach den verkehrstechnischen Kriterien. Diese sind in diesem Beispiel: Straße ohne ausgebildeten Mittelstreifen mit bzw. ohne Bebauung und mit bzw. ohne ruhenden Verkehr. Weitere verkehrstechnische Kriterien sind die Anzahl Kraftfahrzeuge, die auf einem Fahrstreifen pro Stunde fahren und die Anzahl der Stunden pro Jahr, in denen die angegebene Verkehrsstärke bei Dunkelheit überschritten wird. Je höher das Verkehrsaufkommen, desto höher sind die beleuchtungstechnischen Anforderungen. In bebauten Straßen muß die Beleuchtung besser sein als in unbebauten Straßen.

Leuchtdichte in der Straßenbeleuchtung

hängt ab von
▷ Lichtstrom der Lampen
▷ Lichtverteilung der Leuchten
▷ Anordnung der Leuchten
▷ Reflexion der Fahrbahn
▷ Standort des Beobachters

▽ Beobachter

- Die Leuchtdichte ist maßgebend für den Eindruck, den der Verkehrsteilnehmer von der *Helligkeit der Fahrbahn* hat. Würde die Planung der Straßenbeleuchtung nach der Beleuchtungsstärke erfolgen, so ergäben sich trotz guter Gleichmäßigkeit auf der Straße ganz unterschiedliche *Helligkeitsverteilungen*, da der Kraftfahrer die Fahrbahn unter ganz flachem Winkel sieht. Es ist darum sinnvoll, für die Planung und Bewertung einer Straßenbeleuchtung die Leuchtdichte (cd/m^2), die sich dem Kraftfahrer darbietet, als Bewertungsgröße zu verwenden. Die Leuchtdichte auf der Straße ist abhängig von dem Lichtstrom der Lampen, von der Lichtstärkeverteilung der Leuchten, der Geometrie der Beleuchtungsanlage, von den Reflexionseigenschaften der Fahrbahnoberflächen und vom Standort des Beobachters. Die in der Norm angegebenen Richtwerte sind Nennleuchtdichten, d. h. die örtlichen Mittelwerte der Fahrbahnleuchtdichten in einem definierten Bewertungsfeld; sie beziehen sich auf einen mittleren Alterungszustand der Anlage.

Gleichmäßigkeit der Leuchtdichte in der Straßenbeleuchtung

längs Min / Max ロ/O
gesamt Min / Mittel △/—
Beobachter

Die Gleichmäßigkeit der Leuchtdichte ist für das Wahrnehmen von Personen, Fahrzeugen und Gegenständen auf der Fahrbahn wichtig. Eine höhere Gleichmäßigkeit bewirkt bessere Sehbedingungen. Den wesentlichen Eindruck vermittelt die Längsgleichmäßigkeit auf der Beobachterspur parallel zur Straßenachse. Sie wird als Verhältnis der minimalen zur maximalen Leuchtdichte auf dieser Linie im Bewertungsfeld angegeben. Das Bewertungsfeld liegt im Bereich von 60 m bis 160 m vor dem Beobachter. Auf Straßen geringer Verkehrsbelastung und überwiegend Anliegerfunktion wird auf das Kriterium Längsgleichmäßigkeit verzichtet. Die Gesamtgleichmäßigkeit als Verhältnis der minimalen zur mittleren Leuchtdichte im Bewertungsfeld stellt sicher, daß zu dunkle Stellen vermieden werden.

Straßenbeleuchtung mit Leuchten für Hochdruck-Natriumdampflampen 70 W

Beispiel: Straßenleuchte für 1 Hochdruck-Natriumdampflampe 70 W

6,5 m breite Straße
LPH = 8m   Ü = 0
LPA = 35 m

	Leuchtdichte L cd/m²	Gleichmäßigkeit längs U_l	Gleichmäßigkeit gesamt U_o
mastfern	0,54	0,56	0,49
mastnah	0,51	0,4	0,4
DIN 5044 Ortsstraße	0,5	0,4	0,4

Beispiel für die Projektierung einer Straßenbeleuchtung. Es handelt sich um eine Ortsstraße innerhalb bebauter Gebiete in der bei Dunkelheit 100 Kraftfahrzeuge pro Stunde und Fahrstreifen verkehren; die Straße hat keinen Mittelstreifen. Die Norm DIN 5044 fordert für derartige Straßen eine Nennleuchtdichte $L = 0{,}5$ cd/m², eine Längsgleichmäßigkeit U_l von 0,4 und eine Gesamtgleichmäßigkeit U_o von 0,4. In den technischen Unterlagen der Leuchtenhersteller findet man Angaben für verschiedene Anforderungen je nach Straßenart sowohl für den mastnahen Beobachter als auch für den mastfernen Beobachter. In diesem Beispiel werden für eine 6,5 m breite Straße, die in der DIN 5044 angegebenen Richtwerte erfüllt, wenn alle 35 m (LPA = *Lichtpunktabstand*) ein 8 m (LPH = *Lichtpunkthöhe*) hoher Mast ohne Überhang (Ü), d. h. bündig mit dem Straßenrand abschließend, mit einer Leuchte für eine Hochdruck-Natriumdampflampe 70 W installiert wird.

Straßenbeleuchtung mit Leuchten für Hochdruck-Natriumdampflampen 150 W

Beispiel: Straßenleuchte für 1 Hochdruck-Natrium-dampflampe 150 W

7,5 m breite Straße
LPH = 10 m   Ü = 0
LPA = 35 m

	Leuchtdichte L cd/m²	Gleichmäßigkeit längs U_l	Gleichmäßigkeit gesamt U_o
mastfern	1,05	0,75	0,45
mastnah	1,00	0,69	0,46
DIN 5044 Kfz.-Straße	1	0,6	0,4

Um eine wirtschaftliche Straßenbeleuchtung zu erstellen gilt es einerseits, Lampen mit hoher Lichtausbeute zu verwenden und andererseits, den Lichtstrom der Lampen möglichst effektiv auf die Fahrbahn zu lenken, d. h. Leuchten mit hohem Wirkungsgrad und exakter Lichtbündelung einzusetzen. Die DIN 5044 fordert für Kraftfahrstraßen, auf denen schneller als 70 km/h gefahren werden darf, bei einer Verkehrsstärke von 300 Fahrzeugen pro Stunde und Fahrstreifen eine Nennleuchtdichte $L_n = 1$ cd/m² und Leuchtdichtegleichmäßigkeiten $U_l = 0,6$ und $U_o = 0,4$. Eine wirtschaftliche Lösung dieser Beleuchtungsaufgabe ist die Installation von Leuchten mit Hochdruck-Natriumdampflampen 150 W an 10 m hohen Masten, die in einem Abstand von 35 m ohne Überhang am Straßenrand stehen. Die Tabelle gibt die erzielte Leuchtdichte L und die erreichten Gleichmäßigkeiten für den mastnahen und mastfernen Beobachter an.

Anstrahlungen von Fassaden

Am Tage erscheinen Fassaden von Gebäuden recht unterschiedlich, je nachdem ob die Sonne scheint oder bedeckter Himmel vorhanden ist. Dieses Wechselspiel läßt sich mit künstlichem Licht nicht erreichen. Man kann jedoch mit Scheinwerfern diejenigen Merkmale eines Gebäudes besonders hervorheben, die am interessantesten sind. Sind Umgebung und Hintergrund des Gebäudes dunkel, so reicht relativ wenig Licht aus, um das Gebäude heller als den Hintergrund erscheinen zu lassen, bei heller Umgebung benötigt man höhere Beleuchtungsstärken. Die Höhe der erforderlichen Beleuchtungsstärke ist auch abhängig vom Reflexionsgrad des Fassadenmaterials, dunkles Material braucht mehr Licht als helles. Heller weißer Backstein z. B. in gut beleuchteter Umgebung benötigt etwa 40 Lux, roter Backstein oder dunkler Beton in schwach beleuchteter Umgebung braucht 75 Lux und in heller Umgebung 300 Lux, um wirkungsvoll zu erscheinen. Zur Beleuchtung von Fassaden mit Erkern und Balkonen müssen die Scheinwerfer in einer gewissen Entfernung angeordnet werden ①, damit zu starke Schatten vermieden werden ②. Ist das nicht möglich, sollten an den vorspringenden und den zurückspringenden Teilen zusätzlich Scheinwerfer montiert werden ③.

Anstrahlung von Bäumen und Pflanzen

Entweder werden Bäume aus einiger Entfernung angestrahlt, um das Blätterwerk erkennen zu können, oder es wird vom Fußpunkt des Stammes aus die Blätterkrone von unten beleuchtet. Interessante Wirkungen lassen sich durch die Verwendung verschiedener Lichtfarben erzielen. Vorwiegend gelbe oder gelbgrüne Blätter können mit Hochdruck- oder Niederdruck-Natriumdampflampen oder Glühlampen beleuchtet werden. Für Bäume mit kräftig grünen oder blaugrünen Blättern eignen sich besonders Hochdruck-Metallhalogendampflampen und Hochdruck-Quecksilberdampflampen. Nach Möglichkeit sollten die Scheinwerfer so versteckt plaziert werden, daß sie nicht auffallen. Für die Beleuchtung von kleinen Pflanzen und Sträuchern sind die normalen Scheinwerfer zu groß. Für dieses Anwendungsgebiet eignen sich Reflektorlampen in Preßglasausführung in wasserdichten Armaturen. Die Preßglasreflektorlampen sind witterungsunempfindlich, haben gute Farbwiedergabeeigenschaften und lassen sich leicht installieren.

11 Sportstättenbeleuchtung

Normen für die Sportstättenbeleuchtung	152
Anforderungen an die Sportstättenbeleuchtung	153
Sportstättenbeleuchtung für Trainingszwecke	154
Wettkampfbeleuchtung für Tennisplätze	155
Beleuchtung von Sporthallen	156
Beleuchtung von Tennishallen	157
Beleuchtung von Squashhallen	158
Beleuchtung von Schießständen und Kegelbahnen	159

Normen für die Sportstättenbeleuchtung

Teil 1 — Richtlinien für die Beleuchtung mit künstlichem Licht

Teil 2 — Beleuchtung für Fernseh- und Filmaufnahmen

Teil 3 — Richtlinien für die Beleuchtung mit Tageslicht

Teil 4 — Richtlinien für die Messung der Beleuchtung

Für die *Beleuchtung von Sportstätten*, sowohl im Freien als auch in Innenräumen, gibt es die DIN 67526 mit 4 Teilen. Die Aussagen in den Normblättern gelten auch für Mehrzweckanlagen, soweit diese für Sportveranstaltungen vorgesehen sind. Im Teil 1 der DIN 67526 sind für fast alle vorkommenden Sportstätten und Sportarten die erforderliche Nennbeleuchtungsstärke, Gleichmäßigkeit der Beleuchtung und die zweckmäßige Lampenart angegeben. Für die Beleuchtung von Sportstätten, in denen Fernsehaufnahmen mit elektronischen Kameras oder Filmkameras gemacht werden, gilt der Teil 2 dieser Norm. Der Teil 2 enthält Richtwerte für die Höhe der vertikalen und horizontalen Beleuchtungsstärke, über die geeignete Lichtfarbe und Farbwiedergabeeigenschaft der Lampen und über die notwendige Gleichmäßigkeit der Beleuchtung. Richtlinien für die Beleuchtung mit Tageslicht sind im Teil 3 ausführlich niedergelegt. Wie eine fertig installierte Beleuchtungsanlage im Sportstättenbereich gemessen werden soll, ist im Teil 4 der DIN 67526 enthalten.

Anforderungen an die Sportstättenbeleuchtung

Sportstätte	Training [Lux]	Wettkampf [Lux]
Sportplatz	80	150-500*
Pferdesportanlage	150	300
Freibad Eissportanlage Tennisplatz	200	400
Sporthalle Hallenbad Eissporthalle Reithalle Tennishalle	200	400
Squashhalle	400	400

*je nach Sehentfernung

Die Sehaufgaben bei der Sportstättenbeleuchtung unterscheiden sich von denen der sonstigen Innen- und Außenbeleuchtung. Die Sehaufgabe, z. B. der Ball, ist oft klein und bewegt sich mit hoher Geschwindigkeit auf fast jeder Höhe zwischen Fußboden und Decke. Auch die Sportler bewegen sich ständig rasch in allen möglichen Richtungen. Beim Sport muß man die Position, Geschwindigkeit und Richtung der Sehaufgabe und der anderen Sportler zuverlässig beurteilen können. In der Tabelle ist eine Auswahl der wichtigsten Sportstätten zusammengestellt und es sind die für diese Sportarten erforderlichen Nennbeleuchtungsstärken für Anlagen, die dem Training und die dem Wettkampf dienen, angegeben. Die höheren Werte für den Wettkampf berücksichtigen im wesentlichen auch die Sehanforderungen der Zuschauer. Diese sind meistens höher als die der Sportler, da für den Zuschauer größere Sehentfernungen auftreten als für den Sportler. Der für Wettkämpfe auf Sportplätzen benötigte Wert der Nennbeleuchtungsstärke liegt deshalb je nach Sehentfernung der Zuschauer zwischen 150 und 500 Lux.

Sportplatzbeleuchtung für Trainingszwecke

NENNBELEUCHTUNGSSTÄRKE: 80 lx

12 Engstrahlende Rechteckscheinwerfer mit Hochdruck-Metallhalogendampf-Lampe 2000 W

Für die Beleuchtung von *Trainingsplätzen* wird eine Nennbeleuchtungsstärke von 80 Lux nach DIN 67526 Teil 1 gefordert. Aus wirtschaftlichen Gründen empfiehlt es sich, entweder die Hochdruck-Natriumdampflampen mit ihrem warmweißen Licht oder aber Hochdruck-Metallhalogendampflampen mit neutral-weißer Lichtfarbe zu verwenden. Für die Anordnung der Scheinwerfer gibt es zwei Möglichkeiten, entweder auf Masten zwischen 16 m und 18 m Höhe an den Längsseiten des Spielfeldes oder aber vier Maste an den Ecken des Spielfeldes. Bei der Längsseitenanordnung muß ein Sicherheitsabstand von mindestens 10 m eingehalten werden. Je weiter die Masten von den Seitenlinien entfernt stehen und je breiter das Spielfeld ist, umso größer ist die Lichtpunkthöhe zu wählen, um Blendung zu vermeiden. Bei der Viermastanlage müssen die Maste mit den Scheinwerfern außerhalb des Spielfeldes hinter der Torlinie angeordnet werden. Für derartige Anlagen müssen höhere Maste gewählt werden. Bezüglich der Wahl der Masthöhe ist zu prüfen, ob genügend hohe Leitern für die Wartung zur Verfügung stehen oder begehbare Maste einzusetzen sind.

Wettkampfbeleuchtung für Tennisplätze

NENNBELEUCHTUNGSSTÄRKE: 400 lx

Breitstrahlende Rechteckscheinwerfer mit
Hochdruck-Metallhalogendampf-Lampe 2000 W
Einzelfeld : 4 Scheinwerfer
Doppelfeld: 8 Scheinwerfer

Der Tennissport stellt an das Sehvermögen der Spieler und auch der Zuschauer hohe Anforderungen. Der kleine Ball bewegt sich mit hoher Geschwindigkeit, wodurch der Spieler zu einem raschen Wechsel von Blickrichtung und Standort gezwungen wird. Der Ball kann nur dann gut gesehen werden, wenn er zu seinem Hintergrund einen ausreichend hohen Kontrast bildet, d. h. je heller der Ball und je dunkler die Spielfläche, desto besser ist das Erkennen. Die DIN 67526 schreibt für Trainingsbetrieb 200 Lux und für Wettkämpfe 400 Lux vor. Eine wettkampftaugliche Beleuchtung wird für ein Tennis-Einzelfeld erzielt mit 4 Scheinwerfern, bestückt mit je einer Hochdruck-Metallhalogendampflampe 2000 W. Mit einem Sicherheitsabstand von 1 m stehen die ca. 12 m hohen Maste an den Längsseiten des Spielfeldes. Entsprechend kann ein Doppelfeld mit 8 Scheinwerfern beleuchtet werden, wobei jedoch eine größere Masthöhe zu wählen ist. Zur Vermeidung von großen Leuchtdichteunterschieden zwischen Spielfeld und unmittelbarer Umgebung des Platzes ist es wünschenswert, wenn das Streulicht der Scheinwerfer evtl. vorhandene Planen oder Büsche etwas aufhellt.

Beleuchtung von Sporthallen

NENNBELEUCHTUNGSSTÄRKE:

Training : 200 lx
Wettkampf: 400 lx

Ballwurfsichere Leuchten für Leuchtstofflampen
oder Hochdruck-Metallhalogendampflampen

Standardhalle: 15 m x 27 m x 5,5 m

Dreibanden-Leuchtstofflampen

Hochdruck-Metallhalogendampflampen

Die Beleuchtung von Sporthallen ist abhängig von den Sportarten, die in der Halle betrieben werden und von der Geometrie der Halle. Außerdem muß bei der Planung berücksichtigt werden, ob die Halle ausschließlich Trainingszwecken dient, oder ob auch Wettkampfveranstaltungen mit Zuschauern durchgeführt werden. Da in fast allen Hallen mehrere Sportarten ausgeübt werden, richtet sich die erforderliche Beleuchtungsstärke nach der Sportart mit den höchsten Ansprüchen. Die Abmessungen der Sporthallen sind in der DIN 18032 festgelegt. Standardhallen mit den Maßen 15 m x 27 m werden entweder mit Leuchten für Leuchtstofflampen oder Hochdruck-Metallhalogendampflampen beleuchtet. Die Leuchten für Leuchtstofflampen werden parallel zur Längsseite der Halle in Lichtbandanordnung verlegt. Die Leuchten müssen ballwurfsicher sein. Gute Sehbedingungen sind dann vorhanden, wenn der Reflexionsgrad der Decke höher als 0,7 ist. Die Reflexionsgrade der Wände sollten zwischen 0,3 und 0,6 betragen. In Hallen, in denen auch Tennis gespielt wird, sollte der Reflexionsgrad der Stirnwände unter 0,3 % sein, damit ein guter Kontrast zwischen dem Ball und dem Hintergrund entstehen kann.

Beleuchtung von Tennishallen

NENNBELEUCHTUNGSSTÄRKE:

Training : 200 lx
Wettkampf: 400 lx

Ballwurfsichere Leuchten für Dreibanden-Leuchtstofflampen oder Hochdruck-Entladungslampen

Dreibanden-Leuchtstofflp. Hochdruck-Entladungslp.

Zur Beleuchtung von Tennishallen eignen sich Leuchten für Leuchtstofflampen und Leuchten für Hochdruck-Metallhalogendampflampen und auch Hochdruck-Natriumdampflampen, bei ausschließlichem Trainingsbetrieb. In jedem Fall sind die Leuchten parallel zu den Längsseiten der Spielfläche anzuordnen. Auf die Einhaltung der Gleichmäßigkeit der Beleuchtung ist besonders beim Tennis zu achten, denn sobald ein Ball von einer helleren in eine dunklere Zone oder umgekehrt fliegt, scheint für den Beobachter die Geschwindigkeit des Balles zu- bzw. abzunehmen. Dadurch kann es zu einer falschen Abschätzung der Flugbahn und des Aufsatzpunktes des Balles kommen. Der Tennisball wird dann gut erkannt, wenn er zu seinem Hintergrund einen hohen Kontrast besitzt. Der Reflexionsgrad des Balles liegt zwischen 0,4 und 0,8, je nach Farbe und Verschmutzung. Um gute Kontraste zu erhalten, sollte der Reflexionsgrad der Spielfläche zwischen 0,15 und 0,3 liegen, das trifft z. B. für dunkelgrün und dunkelrot zu. Die Wände hinter den Grundlinien sollen möglichst dunkel sein, d. h. einen Reflexionsgrad kleiner als 0,3 aufweisen.

Beleuchtung von Squashhallen

NENNBELEUCHTUNGSSTÄRKE : 400 lx

9 ballwurfsichere Leuchten für je 1 Dreibanden-Leuchtstofflampe 58 W

Lichtpunkthöhe > 6 m

Die geometrischen Abmessungen der Squashplätze sind gleich. Dadurch hat sich auch für die Anordnung der Leuchten ein festes Schema ergeben. Wie beim Tennissport bewegt sich auch hier der kleine Ball mit hoher Geschwindigkeit. Er kann gut gesehen werden, wenn der Reflexionsgrad des Bodens 0,3 nicht unterschreitet und die Wände und Decke matt weiß sind. Leuchten mit Leuchtstofflampen eignen sich aufgrund ihrer geometrischen Abmessungen am besten für eine Squashplatzbeleuchtung. Die Leuchten sollten so beschaffen sein, daß die Leuchtstofflampen durch den Squashball nicht zerstört werden können. Dies kann erreicht werden durch Abdeckungen aus einem engmaschigen Raster oder durch transparente Kunststoffscheiben. Die parallel zur Stirnwand befindlichen Leuchten sollen ihr Licht asymmetrisch in Richtung Wand ausstrahlen, wobei die Leuchten in Spielerrichtung gut abgeschirmt sein sollen. Hierdurch wird die Stirnwand besonders betont. Die Leuchten, die parallel zur Längswand angeordnet sind, sollten möglichst breitstrahlend sein.

Beleuchtung von Schießständen und Kegelbahnen

NENNBELEUCHTUNGSSTÄRKE:

Bahn, Schützenstand: 150 lx
Ziel: 700 lx vertikal

Indirekte Beleuchtung im Schützenstand mit Leuchtstofflampen
Abgeschirmte Leuchtstofflampen für Bahn und Ziel

```
|o  o|    o  o       o    |
| Schütze    — 4 m —    — 2 m —
|              min. 14 m - max. 23 m        Ziel
```

NENNBELEUCHTUNGSSTÄRKE:

Bahn, Satzladen: 200 lx
Kegel: 500 lx vertikal

```
Satzladen    Bahn    h    |8
                             ⋔⋔⋔⋔⋔
```

$a \approx 0{,}5 \ldots 1\,h$

Nach der DIN 67526 wird für das Ziel eine vertikale Beleuchtungsstärke von 700 Lux gefordert. Für den Schützenstand und die Bahn werden lediglich 150 Lux benötigt. Für die Beleuchtung des Schützenstandes eignet sich am besten eine indirekte Beleuchtung mit Leuchtstofflampen, diese vermeidet störende Reflexe auf den Waffen. Die Bahn und das Ziel werden mit quer zur Blickrichtung angeordneten Leuchten für Leuchtstofflampen beleuchtet, wobei darauf zu achten ist, daß die Lampen zum Schützen hin gut abgeschirmt sind.

Nach ähnlichen beleuchtungstechnischen Gesichtspunkten werden Kegelbahnen beleuchtet. Die Bahn und die Kegel werden mit quer zur Spielrichtung angeordneten Leuchtstofflampen beleuchtet. Die Leuchtstofflampen werden entweder in die Decke derart eingebaut, daß sie ihr Licht asymmetrisch in Richtung der Kegel abstrahlen, oder aber, daß sie durch Holzlamellen abgeschirmt werden. Die vertikale Beleuchtungsstärke auf den Kegeln sollte 500 Lux betragen.

12 Wirkung von optischer Strahlung

Ausbleichen und Verfärben von Material durch Licht.................. 162
Bräunung der Haut mit UV-Strahlung 163
Infrarotstrahlung.. 164

Ausbleichen und Verfärben von Materialien durch Licht

Beleuchtungsstärke   Spektrum

Zeit   Temperatur

Farbveränderungen wie z. B. das Ausbleichen von Textilien sind Folgen von fotochemischen Vorgängen, die durch absorbierte Strahlungsenergie verursacht werden. Das Ausmaß der Farbveränderung wird bestimmt durch die Höhe der Beleuchtungsstärke auf dem Material, die Zeit während der das Material dem Licht ausgesetzt ist, die Temperatur und die spektrale Zusammensetzung des Lichtes; je kurzwelliger, desto energiereicher ist die Strahlung. Das bedeutet praktisch, daß das Ausbleichen von Materialien unvermeidlich ist, egal, ob diese mit natürlichem Tageslicht oder mit künstlichen Lichtquellen beleuchtet werden. Die ausbleichende Wirkung kann nur verlangsamt werden durch die Reduzierung der Beleuchtungsstärke, durch kurze Einschaltzeiten der Beleuchtung und durch Vermeidung von Lichtquellen mit überwiegend kurzwelliger Strahlung. Hinsichtlich der Beleuchtung von lichtempfindlichen Materialien sind Leuchtstofflampen und Kompaktleuchtstofflampen am geeignetsten, da sie relativ wenig Wärme erzeugen, geringe kurzwellige Anteile im Spektrum besitzen und eine niedrige Leuchtdichte haben.

Bräunung der Haut mit UV-Strahlung

Von der Sonne wird neben dem Licht und der Infrarotstrahlung auch Ultraviolett (UV)-Strahlung erzeugt. Je nach Wellenlänge unterscheidet man das UV-C, UV-B und UV-A. Das für den Menschen schädliche UV-C wird bereits in der Atmosphäre absorbiert und erreicht die Erdoberfläche nicht. Das UV-B steigert die Abwehrkräfte in unserem Körper und ist für die Bildung von Vitamin D verantwortlich; andererseits besteht die Gefahr von Sonnenbrand und Bindehautentzündung. Die UV-A-Strahlung bräunt die Haut, schafft damit ein gesundes, attraktives Äußeres und gibt natürliches Selbstbewußtsein. Außerdem wird eine Verbesserung des Stoffwechsels durch die Anreicherung des Blutes mit Sauerstoff erreicht. Die UV-A-Strahlung kann auch mit künstlichen Lichtquellen erzeugt werden. Am gebräuchlichsten sind hierfür Leuchtstofflampen mit einem speziellen Leuchtstoff, die in sogenannten Solarien eingebaut sind. Die Bestrahlungszeiten und die Häufigkeit der Bestrahlung ist abhängig vom Hauttyp und wird von den jeweiligen Solarienherstellern angegeben.

Infrarotstrahlung

Erhitzen	Härten	Tieraufzucht
Trocknen	Erweichen	Therapie
Einbrennen	Schmelzen	

Das Spektrum der Infrarotstrahlung wird in drei Bereiche unterteilt:
IR-A von 780 bis 1400 nm (kurz)
IR-B von 1,4 bis 3 μm (mittel)
IR-C von 3 μm bis 1 mm (lang)

Infrarotstrahlung, insbesondere im kurzwelligen Bereich, hat die stärkste Wärmewirkung aller Strahlungsarten, sie ist für das menschliche Auge nicht sichtbar, wohl aber von der Haut als Wärme fühlbar. Sie durchdringt klare Luft ohne merklichen Energieverlust. Nur wenn die Strahlung auf ein Objekt auftrifft, wird Energie absorbiert und dabei in Wärme verwandelt.

Kurzwellige Infrarotstrahlung verhält sich in vieler Hinsicht wie sichtbares Licht. Sie kann reflektiert und durch optische Elemente auf eine Fläche konzentriert werden. Dadurch lassen sich viele Wärmeverluste vermeiden.

Spezielle Ausführungen von elektrischen Lampen mit Wolframglühwendeln werden zur Erzeugung kurzwelliger Infrarotstrahlung verwendet. Die Lage des Maximums im Spektrum der Lampe und ihre Lebensdauer hängen von der Glühtemperatur der Wendel ab. Gute Strahlungseigenschaften und eine wirtschaftliche Lebensdauer erhält man mit Lampen, deren Maximum bei 1200 nm liegt.

13 Literaturhinweise

Normen, Beuth Verlag GmbH, Berlin 30, Burggrafenstr. 4 - 10
DIN 5035 „Innenraumbeleuchtung mit künstlichem Licht"
Teil 1: Begriffe und allgemeine Anforderungen
Teil 2: Richtwerte für Arbeitsstätten
Teil 3: Spezielle Empfehlungen für die Beleuchtung in Krankenhäusern
Teil 4: Spezielle Empfehlungen für die Beleuchtung von Unterrichtsstätten
Teil 5: Notbeleuchtung
Teil 6: Messung und Bewertung
Teil 7: Spezielle Empfehlungen für die Beleuchtung von Räumen mit Bildschirmarbeitsplätzen und mit Arbeitsplätzen mit Bildschirmunterstützung

DIN 5044 „Ortsfeste Verkehrsbeleuchtung"
Beleuchtung von Straßen für den Kraftfahrzeugverkehr
Teil 1: Allgemeine Gütemerkmale und Richtwerte
Teil 2: Berechnung und Messung

DIN 67505 Beleuchtung zahnärztlicher Behandlungsräume und zahntechnischer Laboratorien; Anforderungen

DIN 67526 „Sportstättenbeleuchtung"
Teil 1: Richtlinien für die Beleuchtung mit künstlichem Licht
Teil 2: Beleuchtung für Fernseh- und Filmaufnahmen
Teil 3: Richtlinien für die Beleuchtung mit Tageslicht
Teil 4: Richtlinien für die Messung der Beleuchtung

Arbeitsstätten-Richtlinien - Der Bundesminister für Arbeit und Sozialordnung
- Bundesanzeiger Verlagsgesellschaft mbH, Köln,
    Postfach 10 80 08
ASR 7/3: Künstliche Beleuchtung
ASR 7/4 Sicherheitsbeleuchtung

Fördergemeinschaft Gutes Licht, Frankfurt/M., Postfach 70 09 69
Heft 1: Die Beleuchtung mit künstlichem Licht
Heft 2: Gutes Licht für Schulen und Unterrichtsräume
Heft 3: Gutes Licht für Sicherheit auf Straßen, Wegen, Plätzen
Heft 4: Gutes Licht für Büro und Verwaltungsgebäude
Heft 5: Gutes Licht für Gewerbe, Handwerk und Industrie
Heft 6: Gutes Licht für Schaufenster und Verkaufsräume
Heft 7: Gutes Licht für Arztpraxis, Krankenhaus, Sanatorium
Heft 8: Gutes Licht für Sporthallen, Sportplätze, Schwimmhallen
Heft 9: Lichtgestaltung für repräsentative Räume
Heft 10: Notbeleuchtung, Sicherheitsbeleuchtung
Heft 11: Gutes Licht für Hotels, Restaurants, Gaststätten
Heft 12: Sanierung von Beleuchtungsanlagen
Heft 13: Gutes Licht für kommunale Bauten und Anlagen

Fachbücher
Handbuch für Beleuchtung, herausgegeben von den Lichttechnischen Gesellschaften der Bundesrepublik Deutschland, Österreich, Schweiz
Verlag W. Giradet, Essen
H.-J. Hentschel: Licht und Beleuchtung. Heidelberg: Hüthig 1987
H.-J. Dodillet: Licht am Haus und im Garten. München: Callwey 1986
B. Weis: Notbeleuchtung. München: Pflaum 1985

Broschüren
RWE-Bauhandbuch 1987/88: Teil 15 „Innenraumbeleuchtung",
Energieverlag Heidelberg
Mit Licht wohnen. Frankfurt: VWEW, Verlags- und Wirtschaftsgesellschaft der Elektrizitätswerke 1986.
P. Busse: Beleuchtung von Arbeitsplätzen. Schriftenreihe der Bundesanstalt für Arbeitsschutz – S 20, Dortmund 1985.

Stichwortverzeichnis

Allgemeinbeleuchtung 88
Ambiente, visuelles 103, 104
Anlagenlichtstrom 55
Anstrahlungen 148 f.
Arbeitsplatzorientierte Allgemeinbeleuchtung 88
Arbeitsstätten-Richtlinie ASR 7/3 86
Auge 13
Augenkammer 13
Augenempfindlichkeit 16
Ausbleichen 162

Ballwurfsicherheit 76
Bauspannung 35
Beleuchtungskosten 100
Beleuchtungsniveau 89
Beleuchtungsstärke 18
Beleuchtungswirkungsgrad 79 ff.
Beleuchtungsstärkemessung 97 ff.
Betriebskosten 42, 62
Betriebswirkungsgrad 78
Bezugslichtquelle 21
Bildschirmarbeitsplatzbeleuchtung 109 ff.
Blendungsbegrenzung 91 f.
Blinder Fleck 13
Bräunung 163
Bürobeleuchtung 106 f.

Candela 18

DIN 5035 86 ff.
DIN 5044 86, 142 f.
DIN 67526 86, 152 ff.
Doppelwendellampe 30
Dreibandenleuchtstofflampe 51
Drosselspule 50
Duo-Schaltung 50

Einfachwendellampe 30
Einzelplatzbeleuchtung 88
Elektronisches Vorschaltgerät 58 ff.
Entladungslampe 26
Ersatzbeleuchtung 101

Farbdreieck 17
Farbtemperatur 17, 20, 95
Farbveränderungen 162

Farbwiedergabe 21, 24, 52, 96
Farbwiedergabeindex 21, 96
Fassadenanstrahlung 148
Flurbeleuchtung 127
Friseursalonbeleuchtung 132

Gasfüllung 31
Glühlampe 27 ff.
Glühwendel 28

Halogenglühlampe 27, 36 f.
Halogenkreisprozeß 36
Handwerksbeleuchtung 124
Hochdruck-Entladungslampe 27
Hochdruck-Metallhalogendampflampe 27, 65, 67
Hochdruck-Natriumdampflampe 27, 66 f.
Hochdruck-Quecksilberdampflampe 27, 64
Hochfrequenzbetrieb 59 ff.
Hotelküchenbeleuchtung 130
Hotelzimmerbeleuchtung 131

Industriebeleuchtung 120 ff.
Infrarot (IR)-Strahlung 14, 16, 164
Innenraumbeleuchtung 87, 104
Iris 13
Isolux-Linien 98

Kegelbahnbeleuchtung 159
Kelvin 17, 20, 95
Kfz-Werkstattbeleuchtung 125
Kohlefaden 29
Kompakt-Leuchtstofflampe 27, 40 ff.
Kontrastwiedergabefaktor 93
Kosmetiksalonbeleuchtung 131
Kosmische Strahlung 14
Kosten der Beleuchtung 100

Lampen 27
Lebensdauer 34 f., 55
Leuchtdichte 19, 144 f.
Leuchtdichte-Grenzkurvenverfahren 91 f.
Leuchten 72
Leuchtenkennzeichnung 75 ff.

Leuchtenprüfung 73
Leuchtenwirkungsgrad 78
Leuchtstoff 26, 51
Leuchtstofflampe 27, 49 ff.
Licht 14
Lichtausbeute 18, 24 f., 52, 68
Lichterzeugung 26
Lichtfarbe 17, 20, 24 f., 53 f., 95
Lichtrichtung 94
Lichtstärke 18, 83
Lichtstärkeverteilungskurve 18, 72, 79, 83
Lichtstrom 18, 25, 35, 81
Linse 13
Lumen 18, 35
Lumineszenz 69
Lux 18
Luxmeter 97

Meßprotokoll 99
Metallhalogendampf-Hochdrucklampe 65
Mischlichtlampe 64
Mittlere Lebensdauer 34 f.
Morphogenese 139

Natriumdampflampe 24, 27, 66 f.
Nennbeleuchtungsstärke 81, 89
Netzhaut 13
Neutralweiße Lichtfarbe 24, 95
Niederdruck-Natriumdampflampe 15, 24, 66 f.
Normen 86
Notbeleuchtung 101
Nutzlebensdauer 55

Optische Strahlung 16
Ortsfeste Verkehrsbeleuchtung 143

Pay-back-Zeit 62
Pflanzenbeleuchtung 138 ff.
Photoperiodismus 139
Photosynthese 138 ff.
Phototropismus 139
Planungsfaktor 81, 89
Planungswert 89
Prisma 15

Punktbeleuchtungsformel 83
Quecksilberdampf-Hochdrucklampe 64
Raumindex 79 f.
Reflektorlampe 27
Reflexblendung 93
Reflexionsgrad 19
Restaurantbeleuchtung 129
Rundfunkwellen 14

SB-Ladenbeleuchtung 117
Schattenbildung 94
Schaufensterbeleuchtung 118
Schießstandbeleuchtung 159
Schlossereibeleuchtung 125
Schutzarten 73 f.
Schutzklassen 73
Schwarzer Körper 17, 20
Schwarzlichtlampe 69 f.
Sehaufgabe 103
Sehkomfort 103 f.
Sehleistung 103 f.
Sicherheitsbeleuchtung 101 f.
Sockelbezeichnungen 70
Solarium 163
Sonnenlicht 15
Spektralfarben 21
Spektrum 14 f., 51
Sporthallenbeleuchtung 156
Sportstättenbeleuchtung 152 f.
Squashhallenbeleuchtung 158
Stäbchen 13
Stallbeleuchtung 136
Starter 49
Stoßfeste Glühlampe 33
Strahlung 16
Straßenbeleuchtung 25, 142 ff.

Tageslichtähnliche Lichtfarbe 24, 95
Tageslichtquotient 114
Tandem-Schaltung 50
Temperatur-Kennzeichen 32
Temperaturstrahlung 26
Tennishallenbeleuchtung 157
Tennisplatzbeleuchtung 155
Testfarben 21
Trainingsplatzbeleuchtung 154

Ultraviolett (UV) Strahlung 14, 16, 26, 163
Umgebungstemperatur 47, 48, 56
Unterrichtsraumbeleuchtung 112 f.

VDE-Vorschriften 73
Verkaufsraumbeleuchtung 116
Viehstallbeleuchtung 136
Vitrinenbeleuchtung 119
Vorschaltgerät 49 f., 58

Warmweiße Lichtfarbe 24, 95
Weißes Licht 15

Wellenlänge 14 ff.
Wiederzündung 25
Wirkungsgradformel 81 f.
Wohnraumbeleuchtung 134 f.
Wolframdraht 29 f.

Zahnarztbehandlungsraum-Beleuchtung 133
Zapfen 13
Zeichenraumbeleuchtung 108

Hüthig

Karl Heinz Hoffmann, Günther Knier

Handbuch der Elektroinstallation

Unterflur-, Wand- und Brüstungssysteme

2., stark überarb. Aufl. 1985,
361 S., 253 Abb., zahlr. Tab.,
geb., DM 78,—
ISBN 3-7785-0870-9

Durch die in der Zwischenzeit erfolgte Herausgabe neuer Normen, VDE-Bestimmungen und anderen Verordnungen mußte das Buch wesentlich überarbeitet werden, da sich auch die entsprechenden Installationstechniken und -materialien diesen neuen Bedingungen anpassen müssen. Die neue Auflage berücksichtigt in weitem Umfang neben der Energieinstallation die Weiterentwicklung der Kommunikations- und Fernmeldeplanung, deren besonderen Anschlußelemente zunehmend in die Elektro-Installationssysteme integriert werden müssen. Die Unterflur-, Wand- und Brüstungsinstallation ist besonders geeignet diese neuen Systeme, die bereits mit großem Erfolg auch von Mittelbetrieben verwendet werden, kostengünstig zu installieren.

Neben der Elektro- und Fernmeldeinstallation in Neubauten ist nach wie vor die Altbausanierung, für die sich diese Installationssysteme besonders eignen, aktuell. Entsprechende ausführliche Installationshinweise sowie die Abschnitte „Rechtsvorschriften, Normen und Bestimmungen" und „Kosten und Wirtschaftlichkeit" erleichtern dem Planer und Elektromeister die Arbeiten und die Erstellung auch umfangreicher Kostenvoranschläge.
Beide Autoren haben Dank ihrer jahrzehntelangen Erfahrungen wieder ein ausgezeichnetes Handbuch dieser modernen Installationsarten verfaßt, daß für jeden Praktiker unentbehrlich ist.

**Hüthig Buch Verlag
Im Weiher 10
6900 Heidelberg 1**

Gerd Zimmer

Hüthig

Arbeitsschutz-bestimmungen

**Erläuterungen und Hinweise zum Unfallschutz
Lernprogramm für Fachkräfte aus dem Berufsfeld
Metall- und Elektrotechnik
Arbeitsblattsammlung und Lösungsheft**

1987, X, 222 S., zahlr. Abb., kart.,
DM 34,80
ISBN 3-7785-1445-8
Lösungsheft
1987, III, 46 S., zahlr. Abb., kart.,
DM 21,80
ISBN 3-7785-1522-5

Arbeitssicherheit heißt nicht nur das Unfallrisiko vermindern und somit zur Verbesserung der Wirtschaftlichkeit und Sicherung der Arbeitsplätze beitragen, sie bedeutet vor allen Dingen die Gesundheit aller Mitarbeiter im Betrieb zu schützen.

Mitarbeiter und Vorgesetzte haben eine Verantwortung im Arbeitsschutz sowie gesetzliche Verpflichtungen im Unfallschutz. Diese zu erkennen und zu erfüllen hilft die vorliegende Arbeitsblattsammlung indem sie die erforderlichen Grundkenntnisse vermittelt.

Die Arbeitsblätter sind in drei Teile gegliedert, wovon die beiden ersten nicht berufsbezogen aufgebaut sind und Teil drei die wichtigsten Arbeitsschutzbestimmungen für den Metall- und Elektrobereich enthält. Diese Verbindung wurde gewählt, da viele Unfallgefahren mechanisch und elektrisch untrennbar miteinander verbunden sind. Im ersten Teil findet man zur raschen Information und Orientierung in der Fülle der Arbeitsschutzbestimmungen die wichtigsten Begriffe, Gesetze und Verordnungen. Teil zwei enthält als Interpretationshilfe praxisnahe Erläuterungen zur Basisunfallverhütungsvorschrift. Die Gestaltung in Form von Arbeitsblättern mit entsprechenden Freiräumen für Lösungen bietet den Vorteil, daß der Stoff auch gemeinschaftlich erarbeitet und Aufgaben anschließend individuell gelöst werden können.

Der Lösungsband mit Lösungsvorschlägen und Hinweisen ist primär für den Ausbilder oder Lehrer gedacht. Die Gliederung korrespondiert dabei durchgehend mit der Arbeitsblattsammlung.

Hüthig Buch Verlag
Im Weiher 10
6900 Heidelberg 1

Hüthig

Peter Kerger

Betriebsinterne Kommunikation

1988, XI, 181 S., 148 Abb., kart., DM 67,—
ISBN 3-7785-1097-5

Neben dem öffentlichen Telefonnetz gibt es seit vielen Jahren weitere Kommunikationsnetze, die ausschließlich zur innerbetrieblichen Kommunikation in Unternehmen und Behörden dienen. Heute bieten diese Sprechanlagen sehr viel mehr als die reine Sprachkommunikation als Alternative zum Telefon. Intercomsysteme übernehmen auch so wichtige Aufgaben wie die Information bei Abwesenheit oder die Alarmierung und Sicherung von Personen und Sachwerten.

Das Buch bietet einen interessanten und umfassenden Überblick der innerbetrieblichen Kommunikation. Es stellt grundsätzliche Überlegungen zur Planung und Betrieb von Sprechanlagen dar und gibt einen ausführlichen Überblick der einsetzbaren Geräte. Auch konkrete Hinweise zur Installation von Sprechanlagen werden gegeben.

Aus dem Inhalt:

Sprechanlagen: Warum Sprechanlagen? · Entwicklung der Sprechanlagen · Begriffe der Sprechanlagentechnik · *Verkehrsarten:* Möglichkeiten des Verbindungsaufbaus · Formen und Funktionen von Bürosprechanlagen · Aufbau und Wirkungsweise von Industriesprechanlagen · Sprechanlagen in Krankenhäusern · Sprechanlagen in Justizvollzugsanstalten · Leitstandsysteme · Drahtlose Sprechanlagen · Zentraler und dezentraler Systemaufbau · Digitale Sprachspeicherung und sprachgesteuerte Teilnehmerzahl · Musik über die Sprechanlage? · Postleitungsübertragung TIELINE · Installation · Verkehrsleistung von Sprechanlagensystemen · Kopplung von Intercom-Systemen. *Personenrufanlagen:* Personen rufen oder suchen? · Bestimmungen der Deutschen Bundespost · Wann welche Frequenzen · Signalübertragung · Planungshilfen für den Praktiker · Übertragung über Induktionsschleifen · Die Grundbetriebsarten von Personenrufanlagen · Zentraler und dezentraler Systemaufbau · Funktionen und Wirkungsweisen · Sender · Aufbau und Wirkungsweise stationärer Rückempfangsanlagen · Taschenempfänger · Personensicherung über Funk. *Beschallung:* Beschallungsanlagen im Rahmen der innerbetrieblichen Kommunikation · Mikrofone und Rufpulte · Verstärker und Verstärkerzentralen · Formen, Verhalten und Anwendung von Lautsprechern · Installationshinweise · Beschallungsanlagen für Evakuierung und Katastrophenalarm.

Hüthig Buch Verlag
Im Weiher 10
6900 Heidelberg 1

Roland Ayx

Hüthig

Projektierungshilfe für den Elektroinstallateur

Berechnungsmethoden aus der und für die Praxis

2., überarbeite und erweiterte
Auflage 1988, 136 S.,
zahlr. Abb. und Tab., kart.,
DM 34,—
ISBN 3-7785-1703-1

Die neuen DIN-Normen und VDE-Bestimmungen für das Errichten von Starkstromanlagen erfordern vom Planer und Errichter von Elektroinstallationsanlagen eine Reihe von Berechnungen zur Bemessung der elektrischen Betriebsmittel, Leitungen und Beleuchtungsanlagen. So ist z. B. für die Auswahl der Betriebsmittel die Kenntnis über die Kurzschlußströme unumgänglich. Spannungsfall, Schutz durch Abschaltung, Schutz bei Überlast und Kurzschluß erfordern u. a. rechnerische Nachweise.

Das Buch soll dem Anwender anhand von Rechenbeispielen aufzeigen, wann Berechnungen erforderlich bzw. aus Kostengründen sinnvoll sind. Die Beispiele orientieren sich an der gängigen Installationspraxis. Sie erleichtern die Einhaltung der VDE-Errichtungsbestimmungen.

In der Neuauflage sind die neuesten Bestimmungen berücksichtigt. Erweitert wurde der Band um einen Abschnitt über grafische Lösungsverfahren.

Aus dem Inhalt:
Einheiten und Zeichen · Allgemeines Rechnen · Formelsammlung und grafische Lösungsverfahren · Berechnung der Kurzschlußströme · Spannungsfall auf elektrischen Kabeln und Leitungen · Schutz durch Abschaltung · Strombelastbarkeit von Kabeln und Leitungen · Schutz von Leitungen und Kabeln bei Überlast · Schutz von Leitungen und Kabeln bei Kurzschluß · Bemessung von Leitungen und Kabeln · Bemessung von Schutzleitern · Blindstromkompensation.

Hüthig Buch Verlag
Im Weiher 10
6900 Heidelberg 1

Hüthig

Wege zum Verkaufserfolg

Leitfaden für den elektrohandwerklichen Fachhandel

1988, 54 S., Anhang mit Farbfotos, DM 19,90
ISBN 3-7785-1800-3

Handelsumsätze stellen heute den Einstieg für eine Vielzahl weiterer Folgegeschäfte im Handwerksbetrieb dar.

Es werden Kunden-Bindungen geschaffen, die dazu beitragen, den Anteil der Stammkundschaft zu erhöhen.

Die Beachtung psychologischer Grundregeln im Kontakt mit Kunden erscheint heute – im harten zwischenbetrieblichen Wettbewerb – unverzichtbar. Die Weichen für Umsatzerfolg werden durch eine systematische, verkaufstaktisch geprägte Kundenpflege gestellt.

Es ist mit Sicherheit kein Zufall, daß die Fachabteilungen der Warenhäuser, aber auch die Großvertriebseinrichtungen des Handels zu Konkurrenten für den Elektro-Facheinzelhandel herangewachsen sind. Dabei spielt schon lange nicht mehr „nur der Preis" die entscheidende Rolle. Verkaufspsychologie als Teil eines umfassenden Handelsmarketings ist für „Großanbieter" eine Selbstverständlichkeit.

Die Neuauflage dieses ZVEH-Leitfadens soll dazu beitragen, daß Unternehmer in den Elektrohandwerken sensibilisiert und motiviert werden. Die Prüfung der Verhaltensformen des eigenen Verkaufs- und Kundendienst-Personals in den Elektrohandwerken stellt den Einstieg dar in die Gestaltung einer neuen, zeitgerechten Verkaufs- und Angebotspolitik.

Diese Broschüre soll somit nicht nur Unternehmer in den Elektrohandwerken in ihrer Funktion als Einzelhändler ansprechen, sondern – wohlweislich – auch als Handwerker.

**Hüthig Buch Verlag
Im Weiher 10
6900 Heidelberg 1**

Günther W. Schanz

Hüthig

Sensoren

Fühler der Meßtechnik

2., erweiterte und aktualisierte Auflage 1988, 432 S., 250 Abb., kart., DM 42,—
ISBN 3-7785-1579-9

Die erfreulich rege Nachfrage hat bereits weniger als zwei Jahre nach dem Erscheinen der ersten eine zweite Auflage erforderlich gemacht. Gegenüber ihrer Vorläuferin wurden der Umfang erweitert und der Inhalt an verschiedenen Stellen aktualisiert, wo dies aufgrund der hohen Innovationsgeschwindigkeit geboten war.

Sensoren sind im allgemeinen das erste Glied mehr oder weniger komplexer Meßketten und damit Fühler der Meßtechnik. Für den Praktiker in der Meßtechnik und Elektronik, aber auch in der Industrie und im Maschinenbau sowie in den zahlreichen Randgebieten enthält dieses Werk das für die sachgerechte Meßwertaufnahme notwendige Fachwissen. Der Inhalt kommt ebenfalls Fachfremden und Studenten der verschiedensten Bereichen zugute.

Angesichts der Tatsache, daß auf dem Gebiet der Sensorik nahezu fortwährend Neuentwicklungen hervorgebracht werden, besteht kein Anspruch auf Vollständigkeit. Diese anstreben zu wollen wäre ein sinnloses Unterfangen. Dagegen werden die vielfältig existierenden Sensoren für die tägliche Praxis behandelt und Lösungsmöglichkeiten aufgezeigt.

Bei der Gliederung stand die weitgehend logische Zuordnung der einzelnen Sensorenarten und -prinzipien im Vordergrund. Ein sorgfältig aufgebautes und untergliedertes Stichwortverzeichnis und die auf den einzelnen Seiten in Form von Marginalien wiederholten Begriffe führen den Leser ohne Umwege zu speziell interessierenden Themen.

Hüthig Buch Verlag
Im Weiher 10
6900 Heidelberg 1

Hüthig

Peter Borstelmann, Peter Rohne

Handbuch der elektrischen Raumheizung

6., völlig neu bearbeitete Auflage
1989, XIV, 279 S., 158 Abb.,
41 Tab., DM 68,—
ISBN 3-7785-1233-1

Das „Handbuch der elektrischen Raumheizung" wurde in seiner 6., vollkommen neu bearbeiteten Auflage in allen Punkten dem heutigen Stand der Technik angepaßt. Insbesondere die Bereich Klimatechnik, Wärmepumpenanlagen, Energieeinsparung und Wärmerückgewinnung wurden wesentlich erweitert. Damit ist wieder ein aktuelles Werk entstanden, daß allen Planern und Errichtern elektrischer Heizungsanlagen wertvolle Hilfen bietet. Die verschiedenen Arten der Elektrowärmeheizung werden praxisnah, unter Berücksichtigung der jeweils gültigen DIN-Normen und DIN-VDE-Bestimmungen sowie EVU-Anforderungen mit allen notwendigen Rechenvorgängen und einer Auswahl der Geräte dargestellt. Speziell dem Elektroinstallateur, der sich mit dem Bau von elektrischen Heizungsanlagen befassen will, gibt das Buch eine grundlegende Einführung in die Heizungstechnik.

Aus dem Inhalt:

Elektrizitätsversorgung und elektrische Raumheizung: Kraftwerkspark und Verteilungsanlagen · Gesetzliche Grundlagen zur Elektrizitätsversorgung · Sondervereinbarungen für Elektroheizungen; *Grundlagen der Heizungstechnik:* Klima · Raumklima · Physikalische Grundlagen · Wärmeübertragung · Raumtemperatur · Luftfeuchte · Luftbewegung; *Elektrische Wärmeerzeuger, Regelung und Steuerung:* Elektrische Direktheizung · Elektrische Speicherheizung · Elektrische Heiz-Wärmepumpen · Rohrheizkörper, blanke Heizleiter, Heizleitungen · Steuer- und Regelgeräte für Temperatur und Luftfeuchte, Temperaturbegrenzer und -wächter · Aufladesteuerungen für Speicherheizungen; *Wärmerückgewinnungsanlagen:* Rekuperatoren · Regeneratoren · Wärmepumpen zur Wärmerückgewinnung; *Lüftungs- und Klimaanlagen:* Lüftung · Klimatisierung · Kühllastberechnung · Klimaanlagen; *Berechnung des Wärmebedarfs von Gebäuden:* Temperaturen · Norm-Transmissionswärmebedarf · Normlüftungswärmebedarf QL · Sonderformen der Berechnung des Wärmebedarfs · Unterlagen für die Berechnung · Beispiel; *Berechnung der Kosten von Wärmeversorgungsanlagen:* Einzelbegriffe zum Jahresenergieverbrauch · Einzelbegriffe zu den kapitalgebundenen Kosten · Betriebsführung · Einfluß der Anordnung von Heizgeräten · Berechnungsgang.

Hüthig Buch Verlag
Im Weiher 10
6900 Heidelberg 1